당신의 뇌는
지금 뛰고 있는가

신경과학자가 밝힌, 흐려진 머릿속을 선명하게 만드는 뇌과학

당신의 뇌는 지금 뛰고 있는가

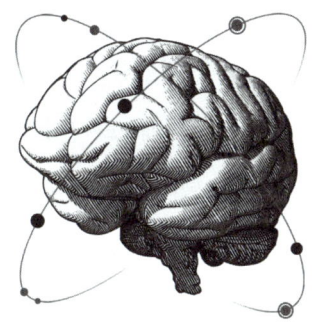

마누엘라 마케도니아 지음 | 박종대 옮김

빌리버튼 billybutton

20대 중반, 심한 번아웃을 겪었다. 일이 도무지 손에 잡히지 않았다. 그런 내 모습이 한심하게 느껴질수록 점점 자책이 심해지면서 세상으로부터 숨게 됐다. 그때 친한 친구 한 명이 큰 도움을 주었다. 그는 아침마다 찾아와서 문을 두드리고, 나를 깨워 자전거를 타고 뛰자고 했다. 나가기 싫다고 버텨도 소용없었다. 그는 집에 틀어박혀 있던 나를 억지로라도 밖으로 끌어내 함께 운동을 하게 했다.

그렇게 반년 정도 지나고 나자 정말로 증상이 호전되기 시작했다. 친구의 추천으로 병원도 찾아갔는데, 의사 선생님은 "마음의 문제라고 생각하던 것이 몸의 문제인 경우도 많다"며 세심하게 몸 상태를 체크했다. 그리고 실제로 갑상선 호르몬 부족이라는 몸의 문제도 발견해 운동과 치료를 병행한 기억이 난다. 이처럼 몸과 마음은 긴밀하게 연결되어 영향을 주고받는다.

그렇다면 운동을 하면 뇌에 어떤 변화가 일어날까? 독일 막스 플랑크 신경과학연구소에서 운동과 학습 능력의 연관성을 탐구해 온 뇌과학자 마누엘라 마케도니아는 『당신의 뇌는 지금 뛰고 있는가』에서 운동이 뇌에 영향을 미치는 기전인 새로운 신경세포, 혈관, 시냅스(신경세포 접합 부위)의 생성을 이해하기 쉽게 설명한다.

특히 중요한 것은 운동이 해마에 끼치는 영향에 대한 내용이다. 기억과 학습을 관장하는 뇌 부위인 해마는 약 20세 이후부터 매년 꾸준히 1~2%씩 쪼그라든다. 40대 중반 이후에는 해마의 크기가 20% 이상 작아지는데, 신경세포가 충분한 에너지를 공급받지 못해 꾸준히 사멸하기 때문이다. 이것을 막을 수 있는 방법이 바로 꾸준한 유산소 운동이다. 운동은 뇌내 N-아세틸 아스파르트산염NAA과 신경성장인자BDNF의 양을 증가시키고 이를 통해 새로운 시냅스와 혈관의 생성을 촉진시켜서 해마와 전두피질의 수축 속도를 감소시킨다.

원래 성인의 뇌에서는 새로운 신경세포가 더 이상 자라지 않는다고 알려져 있었지만, 지난 수 세기 동안 학계의 정설도 바뀌었다. 최근의 연구 결과를 통해서 우리는 이제 인간의 뇌에서도 죽을 때까지 계속해서 새로운 신경세포들이 생겨난다는 사실을 알게 됐다.

세계보건기구가 가장 최근에 발표한 국제질병분류(ICD-11)에서도 노화가 처음으로 질병으로 다뤄지기 시작했다. 나이가 들어서도 계속 뇌가 건강할 수 있다는 과학적 증거들이 모이고 있어서다. 나이와 상관없이 우리의 뇌는 변화할 수 있다. 우리 뇌의 지도를 새로 그리고 활기를 되찾아 줄 가장 과학적인 처방전이 이 책에 담겨 있다.

장동선
뇌과학자, 궁금한뇌연구소 대표

어느 날 갑자기 뇌가 멈춰버렸다

라이프치히의 어느 뜨거운 여름날 오후였다. 나는 막스플랑크 신경과학연구소에서 새로 준비 중인 논문에 필요한 자료를 검색하다가 흥미로운 논문 한 편을 발견했다. 정말 운이 좋다는 생각이 들 만큼 내 논문에 딱 맞는 자료였다. 그래서 감사한 마음으로 곳곳에 메모까지 하면서 자료를 읽었다. 내가 찾던 내용이 여기 다 있었다. 그런데 몇 페이지를 읽고 나자 어쩐지 어디선가 읽은 글인 것 같은 느낌이 들었다. 순간 짚이는 데가 있어 책상 위에 쌓인 종이 뭉치를 뒤적거려 보니 아니나 다를까, 똑같은 자료가 이미 있었다. 벌써 반년 전에 다운로드 받아서 읽은 논문이었다. 여백에 메모해 놓은 내용도 똑같고, 형광펜으로 표시해 둔 곳도 똑같았다. 어떻게 그걸 까맣게 잊을 수 있을까? 심지어 나는 이 저자들과 개인적으로 아는 사이였을 뿐 아니라 이들의 연구 주제까지 꿰차고 있었다. 그런데도 이 논문은 내 기억 속에 남아 있지 않았다. 나는 아연한 마음으로 연구실 동료인 마렌에게 이 이야기를 했다. 마렌은 당시 뇌 해마의 정량적 형태 연구, 즉 기억을 담당하는 핵심 기관의 부피를 연구하던 우리 연구실의 동료였다. 마렌은 긴말하지 않고 단호하게 말했다.

"그게 뭐가 이상해요? 몇 개월 전부터 매일 저녁 연구실에 틀어박혀 지냈는데 오죽하겠어요? 그것도 하루에 열 시간 내지 열두 시간이나 말이에요. 박사님의 뇌 속 해마는 지금 꽉 차서 넘치기 직전인 물동이 같은 상태일 거예요."

나는 충격을 받았다. 마렌의 말이 정곡을 찔렀기 때문이다. 이 건망증 사건에 겁이 덜컥 났다. 다른 한편으론 우리 둘이 매일 같이 기억 연구를 하는 이 연구실에서 그런 일이 일어났다는 게 솔직히 부끄럽기도 했다. 마렌은 나에 대해 아는 것이 많았지만, 모르는 것도 많았다. 예를 들어 내가 이렇게 연구실에 "틀어박혀" 지내는 것 말고도 잠을 잘 자지 못한다거나, 몇 날 며칠을 뜬눈으로 지새우며 통계 자료에 골몰한다거나, 자기공명영상장치MRI의 프로그래밍 문제로 고민한다거나, 또는 모순되는 결과들을 새로 발표할 논문에 어떻게 무리 없이 연결시킬 것인가 하는 문제로 머리를 싸매고 있었던 것은 몰랐다. 전반적으로 나는 스트레스에 짓눌려 있었다. 수면 시간은 절대적으로 부족했고, 수면의 질도 좋지 않았다. 게다가 너무 오랫동안 책상에만 앉아지냈다. 성과에 대한 부담이 너무 컸기 때문이다. 이렇게 사는 것이 문제라는 건 나 자신도 알고 있었다. 건망증 사건이 일어나기 한참 전부터 말이다. 하지만 그것을 인지만 하고 있을 뿐 실제로 무언가 대책을 강구해야겠다는 생각은 하지 않았다.

이튿날 연구실에 들어가자 내 책상 위에 종이 뭉치가 놓여 있었다. 해마에 관한 논문들이었다. 마렌이 나를 보고 짓궂게 웃으며 말했다.

"지금 박사님이 어떤 상태인지 알고 싶으시면 저걸 다 정독하셔야 해요."

그녀의 농담은 위협에 가깝게 들렸지만, 이것이 나를 일깨웠다. 이제는 분명해졌다. 이 일을 결코 무심코 넘겨서는 안 됐다. 마렌은 연구실을 나가면서 덧붙였다.

"오늘은 무조건 일찍 퇴근하세요. 실험실에 갔다가 다섯 시 반에 돌아올 예정인데 그때 여기서 박사님을 보지는 않았으면 좋겠어요. 자전거를 타고 코시 호수에 들렀다가 댁으로 가세요. 저녁에 다시 연구실로 나오는 건 절대 금지예요!"

나는 실제로 마렌이 돌아오기 직전에 연구소에서 나가 자전거를 타고 코시 호수로 갔다. 본래 이름은 코스푸데너 호수인데, 라이프치히 사람들이 애칭으로 그냥 코시라고 부르는 호수였다.

그날 나는 내 삶에서 가장 중요한 결정을 하나 내렸다. 나의 뇌를 되살리기 위한 프로젝트를 시작하겠다고. 반쯤은 불안해서, 반쯤은 부끄러워서 내린 결정이었다.

그날 이후 나는 여름 내내 하루도 빠지지 않고 자전거로 30킬로미터를 달렸다. 가을이 되자 기억력은 말끔하게 되돌아왔고, 잠도 잘 자게 되었다. 그 뒤로는 거의 매일 운동을 했다. 몸 상태가 예전보다 한결 나아진 것은 물론이고 모든 것이 편안해졌다. 그때부터 나는 "뇌와 운동"이라는 주제에 집중했다. 그리고 이제 내 경험과 지식을 이 책을 통해 여러분과 나누고자 한다. 왜? 너무 고마우니까!

1장 우리의 뇌, 우리의 잠재력

2장 나는 몸매가 아니라 뇌를 위해 달린다

6장 예민하고 우울한 뇌를 위한 처방

 7장 늙지 않는 뇌의 비밀

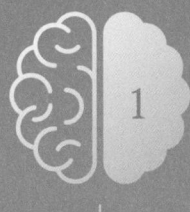

1

우리의 뇌,
우리의 잠재력

　다른 사람도 아니고 뇌를 연구한다는 사람이 어떻게 몇 달 전에 읽고 참고한 논문을 까맣게 잊을 수 있을까? 답은 간단하다. 내가 뇌를 오랫동안 혹사시킨 데다가, 스트레스와 수면 부족이 뇌에 악영향을 끼치는 바람에 그런 실수가 나타난 것이다. 당시에는 내 생활 방식이 뇌에, 그러니까 내 몸의 가장 중요한 기관이자 삶의 잠재력에 해당하는 뇌에 그렇게 심각한 해를 끼칠 수 있으리라고는 생각하지 못했다. 나는 과학이라는 거대한 기계 장치 안에서 아무 생각 없이 돌아가는 수많은 톱니바퀴 가운데 하나에 지나지 않았다. 이제는 그런 한계에서 벗어나 뇌의 관점에서 어떻게 그런 일이 가능했는지, 우리가 그에 맞서 무엇을 해야 하는지 설명해 볼 생각이다. 그전에 뇌의 메커니즘을 이해하는 데 필요한 기본 지식부터 살펴보기로 하자.

우리의 뇌가 작동하는 원리

나는 이 질문을 자주 받는다. 이 질문에 제대로 답하려면 원칙적으론 수십 권의 책을 써도 모자랄지도 모른다. 하지만 이 책을 함께 읽기 위해서는 아주 간단한 기본 지식만 알고있으면 된다. 다만 혹시 이 책을 읽는 뇌 전문가가 있다면 내가 가끔 이 주제를 미흡하게 다루거나 뇌의 메커니즘을 단순화하더라도 양해해 주기 바란다. 나의 목표는 사전 지식이 없고 해당 분야의 전문 교육을 받지 못한 독자들도 이 책을 쉽게 이해하고, 새로운 앎에 대한 즐거움을 느끼게 하는 것이기 때문이다.

뇌는 두 종류의 신경세포, 즉 뉴런과 신경아교세포로 이루어져 있다. 이 둘이 힘을 합쳐 우리의 지각과 사고, 학습, 느낌, 그리고 결정이나 연상, 인식 등 여러 인지 과정과 감성을 제어

한다. 우리 뇌 표면, 즉 여섯 개 층으로 이루어진 대뇌피질에는 어림잡아 천억 개의 뉴런이 배치되어 있는데, 뉴런에는 다른 세포와 달리 특별한 점이 있다. 바로 세포체에 돌기가 달려 있는 것이다. 축삭돌기라 불리는 긴 돌기는 세포에서 외부로 정보를 전달한다. 말하자면 세포의 '언어 기관'에 해당한다.

반면에 이보다 짧은 돌기는 다른 세포들에서 들어오는 정보를 수신하는 역할을 한다. 수상돌기樹狀突起라 불리는 이것은 '나무 모양의 돌기'라는 뜻인데, 고대 그리스어에서 나무를 뜻하는 'déndron'에서 유래했다. 실제로 사방으로 뻗은 세포체의 모습

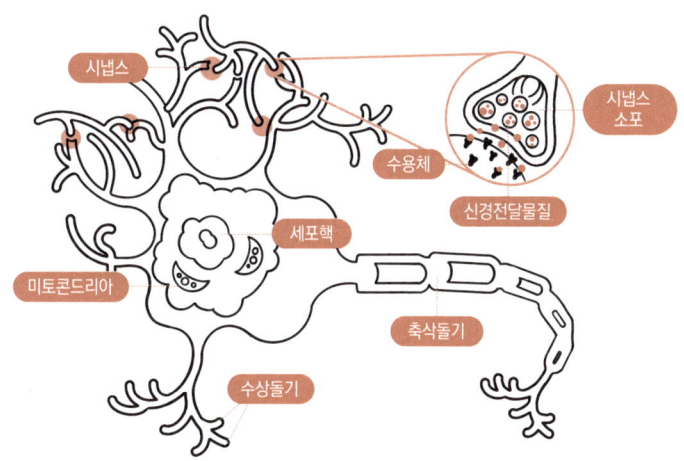

뉴런의 구조

은 작은 나무와 비슷하다. 수상돌기는 세포들이 전기 신호로 자극을 받으면 그를 통해 정보를 받는다. 이 신호들은 외부에서 들어온 정보를 여러 단계를 거쳐 신경망으로 운반하는 다른 세포들이 보낸다.

우리 귀의 윗부분에 위치한 청각 피질의 뉴런을 예로 들어 설명하겠다. 청각 피질의 뉴런은 귀로 들리는 것을 인지하고 저장하는 일을 담당한다. 예를 들어, 낯선 도시에서 당신이 지나가는 사람에게 길을 묻는다고 상상해 보자. 이때 상대방의 낯선 목소리는 뉴런 군집에 자극을 주고, 뉴런은 주파수와 음색을 비롯해 귀로 받아들인 모든 자극을 정보로 가공해서 다른 세포들에 넘겨준다. 각 세포는 이 목소리에 대한 정보를 주고받는다. 얼마 뒤 청각 피질 속의 모든 뉴런은 서로 정보를 교환하면서 이 커뮤니케이션의 모형을 제작하고, 이로써 새로운 목소리가 "저장된다." 그래서 다음에 그 사람의 목소리를 들으면 담당 뇌세포는 그것을 알아차리고 "익숙한" 목소리, 그러니까 이미 정보화된 목소리로 인식한다.

전기 자극으로 뉴런이 흥분하면 뇌 속에 변화가 생긴다. 축삭돌기와 수상돌기가 자라는 것이다. 이 돌기들은 더 길어지고, 더 많은 가지를 치며 이웃한 다른 축삭돌기와 수상돌기에 바짝

다가간다. 이렇게 하면 돌기들 사이에 수많은 접촉면이 생겨나고, 이 접촉면에서 정보 전달이 이루어진다. 이 접촉면이 바로 시냅스다. 시냅스는 뉴런이 서로 소통을 시작하자마자 싹튼다. 수상돌기와 축삭돌기뿐 아니라 세포체 자체에서도 시냅스가 생긴다.

시냅스의 역할은 세포에서 세포로 정보를 전달하는 것이다. 이 과정에서 자연은 기발한 메커니즘을 발명했다. 뉴런에서 축삭돌기를 지나 전달되는 자극을 전기 신호의 형태로 바꾼 것이다. 그런데 발신 세포에서 출발한 이 자극은 이웃한 수신 세포에 전기 신호의 형태로 곧장 전달되지는 않는다. 전기는 한 세포에서 다음 세포로 직접 흐르지는 않기 때문이다.

이때 중간에서 다리를 놓아주는 것이 시냅스다. 즉, 시냅스가

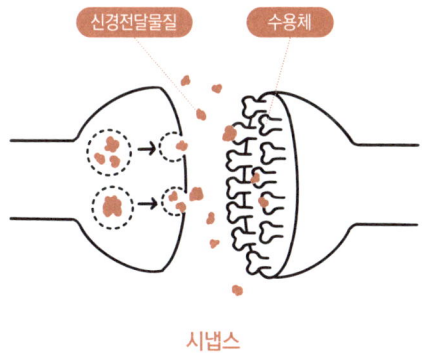

시냅스

전기 자극을 화학적 신호 물질, 즉 신경 전달 물질로 바꾸어 주는 것이다. 이 물질은 발신 세포, 그중에서도 '시냅스 전(화학적 시냅스에서 앞쪽 부분은 시냅스 전, 뒤쪽 부분은 시냅스 후, 중간 부분은 시냅스 틈이라고 한다−옮긴이)'에서 생겨난다. 신호 물질은 작은 기포에 싸인 채로 방출되어, 가까이 있는 수용 세포를 유인하기 위해 시냅스 틈으로 이동한다. 그러면 인접 세포는 이것을 받아들여 전기 신호로 바꾸고, 이 전기 신호는 또다시 다음 세포, 정확히는 바로 다음 시냅스로 전달된다. 여기에 도착하는 순간 전기 신호는 다시 화학 물질로 바뀌고, 이 과정은 매번 반복된다. 이로써 시냅스 틈이라는 물리적 장애 때문에 전달되지 못했던 전기 신호는 화학적 신호 물질을 통해 전달된다. 신경 전달 물질의 종류는 다양하고, 작용 방식도 저마다 다르다. 예를 들어

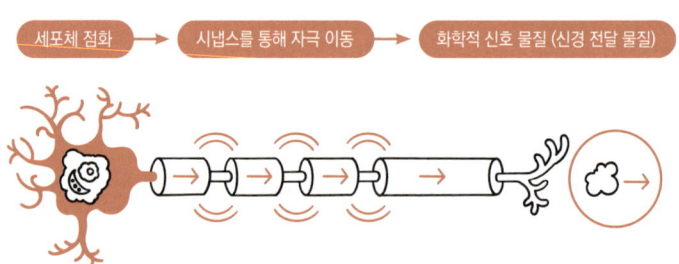

시냅스가 정보를 전달하는 과정

글루타민처럼 세포끼리의 소통을 촉진하는 것이 있고, 아니면 GABA(감마 아미노낙산)나 도파민, 세로토닌처럼 소통을 저지하는 것도 있다. 여기서 도파민은 "행복 호르몬"이라 불리는 물질이고, 세로토닌은 우리 몸의 균형을 잡아주는 물질인데, 우울할 때에는 뇌에서 충분하게 생산되지 않는다.

뉴런들은 자극을 더 자주 주고받을수록, 다시 말해 많이 점화될수록 돌기가 더 촘촘해지고 단단해질 뿐 아니라 시냅스의 수도 불어난다. 이로써 정보의 유형에 특화된 네트워크가 곳곳에 생겨난다. 가령 앞서 낯선 도시에서 길을 묻는 예로 돌아가 보면, 청각 피질의 특정 지점에서는 우리가 들은 목소리를 가공하여 처리하는 네트워크가 생겨난다. 이 네트워크가 목소리 정보를 세포들 사이의 커뮤니케이션 모형으로 바꾼다. 이 네트워크들을 다른 말로 하면 바로 우리의 지식과 능력이다. 예를 들어 우리가 어떤 목소리를 새로 알게 되거나, 다른 정보를 파악하고 받아들이면 우리의 뇌는 바로 그와 관련한 네트워크를 구축한다.

그래서 아직 많은 사람의 목소리를 듣지 못한 생후 3개월 아기의 경우, 청각 피질 뉴런의 돌기 가지의 수가 어른만큼 많지 않다. 아기 뇌 속의 네트워크는 세상에 나온 지 오래된 사람의 네트워크보다 훨씬 덜 촘촘하고 덜 안정적이다. 아기는 엄마의 목소리를 이미 자궁에서 들었기 때문에 태어날 때 이미 그에 대한 나름의 네트워크를 갖고 있다. 엄마가 임신 중에 자주 대화한 사람들의 목소리에 대해서도 마찬가지다. 물론 그 네트워크의 크기는 상당히 작다. 어쨌든 이런 점을 감안하면 아기가 울 때 오직 엄마만이 아기를 달랠 수 있거나, 낯선 사람의 목소리가 오히려 아기를 더 울릴 수 있다는 점도 충분히 이해할 수 있다.

만약 뉴런이 '가만히 있으면', 다시 말해 정보를 더 이상 처리하지 않으면 돌기와 시냅스는 도로 쪼그라들고, 일정한 시간이 지나면 신경 전달 물질도 더는 시냅스 틈의 공간적 차이를 극복하지 못한다. 이렇게 되면 신경 세포 간의 커뮤니케이션은 어려워진다. 앞서 낯선 도시에서 길을 묻던 예를 떠올려 보자. 나에게 길을 알려준 사람의 목소리를 오랜 시간 다시 듣지 못하면 기억하기 어려워지거나, 아니면 까맣게 잊어버리기 십상이다. 새로운 목소리를 가공해서 특유의 모형으로 저장했던 신경 다발, 즉 네트워크 조합에 변화가 생기기 때문이다. 이런 변화가 일어나는 이유는 분명하다. 정보가 지속적으로 입력되지 않았거나 기억의 소환 작업이 일어나지 않은 탓이다. 즉, 뉴런이 활동을 하지 않은 것이다. 네트워크상에서 목소리와 관련된 정보가 더이상 충분히 흐르지 않는다면 그 목소리는 우리 뇌에서 사라진다.

"회색 세포"라 불리는 뉴런은 주로 뇌의 표면, 대뇌피질에 형성되어 있는데, 이는 전체 뇌 부피의 10퍼센트밖에 되지 않는다. 참고로 세간에 널리 알려진 "회색 세포를 깨워라!"라는 말도 여기서 출발했다. 그렇다면 이런 의문이 든다. 뉴런이 뇌 표면에만 있다면 뇌 속에는 무엇이 있을까? 과학자들은 오랫동안 이 수수께끼에 매달렸고, 뇌 안쪽의 점액질 부분, 즉 백색질이 무엇으로 이루어져 있고, 어떤 기능을 하는지 연구했다. 그 결과 오늘날 우리는 백색질이 신경아교세포와 축삭돌기 다발로 이루어져 있고, 축삭돌기 다발이 뇌 안에서 정보가 전달되는 고속도로 역할을 한다는 것을 알아냈다.

신경아교세포라는 표현은 1858년 독일의 병리학자 루돌프 피르호Rudolf Virchow가 자신의 저서 『세포병리학Cellularpathologie』에서 신경 조직을 "아교"처럼 끈끈하게 묶는 지지 조직이라는 뜻으로 처음 사용했다. 뉴런은 이 아교 조직 속에 들어 있는데, 당시에는 피르호 역시 신경아교세포가 단순히 뉴런을 지지해줄 뿐만 아니라 그보다 더 많은 일을 한다는 사실을 몰랐다. 이 작은 세포들을 관찰할 마땅한 도구가 아직 없던 시절이었기 때문이다.

반면에 오늘날엔 최첨단 현미경이 있다. 덕분에 우리는 이 현미경을 통해 신경아교세포의 특성과 기능에 대해 전부는 아니더라도 아주 많은 것을 알게 되었다. 예를 들어 신경아교세포 중에는 별아교세포가 있다. 세포체에 돌기가 최대 3만 개까지 붙어 있는 모습이 별을 닮았다고 해서 붙여진 이름이다. 이 세포의 역할은 가히 자연의 기적이라 할 수 있다. 별아교세포는 뉴런에 양분(포도당)을 공급하고, 시냅스 틈에서 신호 물질의 순환을 돕고, 혈액뇌장벽을 구축한다. 혈액뇌장벽은 세포 돌기의 끝부분이 뇌혈관을 촘촘하게 밀폐해 뇌 혈액이 뇌 속에서만 순환하게 하는 장치이다. 이 멋진 메커니즘 덕에 병원체가 상처를 통해 뇌에 들어오는 것은 차단된다. 다시 말해 우리 몸의 지휘사령부는 이 별아교세포라는 격벽으로 완벽하게 방수 처리가 되어 있는 셈이다.

반면에 희소돌기아교세포는 그 이름에서 알 수 있듯이 돌기 수가 몇 개 안 되지만 뉴런을 위해 엄청난 일을 해낸다. 회색 세포들이 부지런히 일을 하면, 그러니까 서로 활발히 소통하면 희소돌기아교세포는 생화학적 신호에 따라 곧바로 축삭돌기를 감싼다. 몇 되지 않는 돌기로 뉴런의 축삭돌기를 둘둘 감싸는 것이다. 이렇게 뉴런을 칭칭 감은 껍질을 '미엘린 층'이라고 하는

데, 이것이 일종의 절연 기능을 한다. 전선에 씌우는 피복과 비슷하다고 생각하면 된다. 축삭돌기의 절연이 잘되어 있을수록 전기 자극, 즉 세포 간 메시지가 네트워크 속에서 더 빨리 전달된다. 지금까지 알려진 바에 따르면 뉴런은 반복해서 규칙적으로 소통하고, 희소돌기아교세포는 그런 네트워크에 절연 기능을 함으로써 지식이 원활히 저장되고 정보가 빠르게 소환될 수 있게 한다.

신경아교세포의 또 다른 종류인 미세아교세포도 빼놓을 수 없다. 이것은 뇌 조직과 식세포, 즉 몸속의 이물질을 잡아먹는 세포 중에서 가장 작은 세포다. 미세아교세포는 혈액뇌장벽을 뚫고 들어온 병원체를 제거하고, 죽은 뉴런과 희소돌기아교세포의 잔해를 청소한다. 수족관의 청소 물고기처럼 말이다. 그 밖에도 지속적으로 환경을 탐색하는 더듬이 같은 돌기가 있어서 주변에서 어떤 변화가 감지되면 즉각 응급조치에 나선다. 예를 들어 파열된 뇌혈관이 있으면 미세아교세포는 몇 분 안에 자신의 돌기로 손상된 부분을 제거할 뿐 아니라 혈관을 밀폐한다. 이처럼 미세아교세포는 아주 작지만 대단한 역할을 하는 세포다!

좌뇌와 우뇌라는 착각

세포와 세포의 기능을 어느 정도 안다고 해서 사고나 학습 같은 정신적 과정이 설명되는 것은 아니다. 뇌에서 인식 과정은 어느 부위에서 어떻게 이루어질까? 좌뇌는 분석력을, 우뇌는 창의력을 담당한다고 주장하는 기존 출판물들은 안타깝게도 뇌 문제와 관련해 잘못된 정보를 퍼뜨리고, 신경과학에 대한 신화 같은 이야기를 만들어 내고 있다.

사실 인간의 정신 능력을 제대로 분석하기 시작한 지는 상당히 오래되었다. 이는 19세기 후반부에 언어 중추의 위치를 밝혀냄으로써 시작되었다. 당시 프랑스 신경과학자 폴 브로카 Paul Broca는 왼쪽 관자놀이에 큰 상처를 입은 환자가 말은 알아듣지만 더 이상 말을 못한다는 사실을 확인했다. 뇌의 이 부위는 의사의 이름에 따라 브로카 영역으로 명명되었다.[1] 이후 우리는 이 부위가 능동적 언어 사용, 즉 문장을 만들고 말하는 능력을 관장하는 곳임을 알게 되었다. 뇌졸중에 걸리면 이 부위가 함께 손상될 때가 많다. 그래서 이런 환자에게서는 언어 장애, 즉 브로카 실어증이 나타난다. 1870년대에는 독일의 유명한 신경과학자 카를 베르니케Carl Wernicke도 환자들에게서 언어 장애를 관찰했다. 그런데 이번에는 정반대의 기능 장애가 나타났다. 즉 말은 할 수 있지만 상대의 말을 알아듣지 못한 것이다. 베르니케는 이 증상의 원인으로 좌측 귀 위쪽 부위의 손상을 지목했다. 이곳은 언어 이해를 담당하는 영역으로, 이 부위가 손상되면 앞서 말한 식의 언어 장애가 나타났다. 이 증상은 브로카 실어증과 대비되어 베르니케 실어증[2]이라 불린다.

두 선구자의 업적 이후 기능해부학은 많은 전환점을 거쳤고, 그 결과 오늘날 우리는 상당수의 정신적 과정이 어느 부위에서 이루어지는지 꽤 정확히 알게 되었다. 이 분야에 큰 기여를 한 사람은 독일 신경해부학자 코르비니안 브로트만Korbinian Brodmann이다. 그는 1901년부터 1910년까지 대뇌피질 전체를 한 겹씩 벗겨 현미경을 통해 1밀리미터 단위로 조사했고, 이를 바탕으로 세포 배열(세포 구조학) 면에서 뚜렷이 구분되는 52개 영역을 확인했다.[3] 각 영역에는 대부분 서로 다른 기능이 주어져 있다. 그러니까 뉴런은 영역별로 특정한 임무를 담당하고 있는 것이다. 브로카 영역을 예로 들면, 브로트만은 브로카 영역을 다시 세 개의 영역으로 다시 나누었다. 브로트만 영역(줄여서 BA) 44, 45, 47이 그것이다.

그런데 20세기 초에는 이 세 가지 피질 영역의 기능이 알려

져 있지 않았고, 브로트만도 세 가지 피질을 오직 세포 구조학
적으로만 분류했다. 세 영역의 기능은 오늘날에야 밝혀졌다. 많
은 신경과학자들이 지칠 줄 모르고 연구를 이어간 덕분이다. 그
중에는 막스플랑크 연구소에서 내 전임 상사였던 앙겔라 프리
데리키Angela Friederici의 역할도 컸다. 어쨌든 우리는 이제 이렇게
소신껏 주장할 수 있다. BA 44는 언어의 통사론(문장 구조)[4]을,
BA 45와 BA 47은 의미론(의미)[5]을 관장한다고 말이다.

　나머지 49개 브로트만 영역의 기능을 상세히 설명하는 것은
너무 전문적인 영역이라 아래 삽화에서 주요 부분만 표시했다.
여기서 대뇌피질은 기능별로 영역이 나누어진다. 우선 시각적
기능을 담당하는 영역(숫자로 따지면 최소한 여섯 군데), 운동 준비

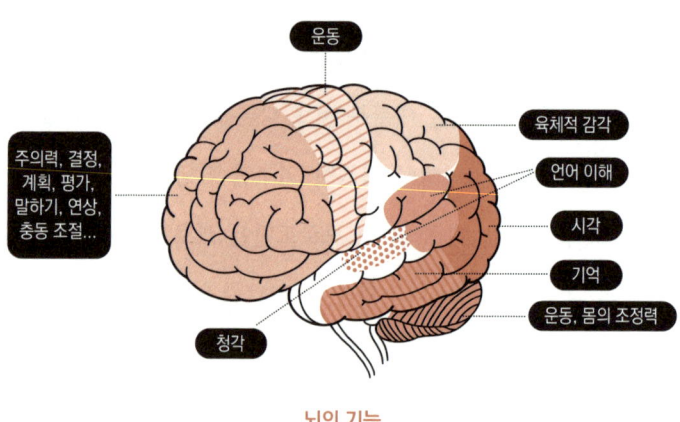

뇌의 기능

와 조정 영역, 촉각 영역, 몸의 감각 영역이 눈에 띈다. 거기다 좀 더 고차원적인 인지 과정을 담당하는 뇌 영역도 발견된다. 예를 들면 언어 사용 영역, 언어 이해 영역, 그리고 감정, 결정, 연상적 사고, 기억, 충동 조절 영역 같은 것들이다. 나머지를 일일이 열거할 필요는 없을 것이다. 다만 이것만으로도 우리는 최소한 일부 기능들을 담당하는 영역의 위치를 완전히 확인하게 되었고, 이로써 좌뇌와 우뇌에 대한 신경과학적 신화를 이제는 마음 놓고 편안히 보내줄 수 있게 되었다.

몸과 정신은 하나다

이 책은 운동이 우리 뇌에 미치는 영향 및 우리의 인지 능력에 미치는 영향을 함께 다룬다. 그렇다면 몸과 정신이 하나라는 이야기인데, 그게 어떻게 가능할까?

거의 모든 서구인은 몸이란 인간 존재의 물리적인 부분이라고 생각한다. 다시 말해 몸은 인체 기관을 담는 용기, 그중에서도 특히 뇌를 담는 그릇이라는 것이다. 반면 우리의 인지 과정은 몸의 물리적 현상과 달리 '마음속에서' 일어난다고 믿는다. 그래서 아이들은 학교에서 얌전히 앉아 있는 법부터 배운다. 정신이 방해받지 않아야 인지 과정이 제대로 이루어진다고 믿어서다. 많은 사람이 정신적 과정은 육체와 상관없는, 뭐라 구체적으로 명명할 수 없는 차원에서 진행된다고 생각한다. 대체 이런 생각은 누구에게서 비롯되었을까? 우리는 왜 이런 이원론, 즉 몸과 정신을 명확히 분리하는 사고방식에 매달려 살까? 게다가 이 생각은 어째서 많은 곳에서 행동으로 옮겨지고 있을까? 심지어 학교에서조차 말이다.

몸과 영혼에 대한 고찰은 이미 고대에서 시작되었다.[6,7] 영혼은 육신이 죽고도 어떻게 살아남을까? 만일 영혼이 몸과 분리가 된다면 영혼의 실체는 무엇일까? 고대 철학자들은 이런 질문에 답해야 했다. 플라톤은 인간이 죽으면 영혼이 육신에서 "걸어 나온다"고 설명했다. 이런 주장은 중세 기독교 철학인 스콜라 학파에 스며들었다. 게다가 인간이 죽으면 영혼이 육체로부터 풀려나 천국이나 지옥으로 간다는 관념도 육체적 현상과 정신적 현상 사이에 메울 수 없는 간극이 있다는 생각의 토대가 되었다.

계몽주의 시대에는 프랑스 철학자이자 수학자인 르네 데카르트가 『방법서설 Discours de la Méthode』[8]에서 육신과 영혼에 대한 문제를 물질과 정신의 분리로 정리했다. 물질과 정신은 상호작용 관계에 있지만 근본적으로는 서로 분리되어 있는 상이한 체계라는 것이다. "나는 생각한다, 고로 존재한다."는 그의 명제 역시 이러한 입장의 반영이다. 즉 나의 존재, 나의 실존을 이루는 토대는 나의 생각이라는 것이다. 따라서 데카르트에게 존재는 하나의 정신적 현상에 지나지 않았다.

이로써 물질이란 대놓고는 아니어도(명시적이지는 않아도) 전반적으로는 별로 존중할 필요가 없는 하찮은 것으로 여겨졌다. 그런데 21세기의 우리가 보기에 데카르트의 근거는 참 희한하기 짝이 없다. 그는 『제1철학에 관한 성찰Meditationes de Prima Philosophia』[9]에서 자신은 정신이 물질 없이도 존재한다는 것을 "너무나 명확하게" 상상할 수 있다고 썼다. 누구도 반박할 수 없는 이론의 근거가 '자신의 명확한 상상'이라니! 만약 오늘날 어느 학자가 분명한 증거 하나 제시하지 못하면서 자신의 상상을 자기 이론의 중요한 근거로 제시한다면 지나가던 개도 웃을 것이다. 하지만 당시엔 그랬다. 그리고 육체와 정신을 명확히 분리하여 인식하는 관념은 우리 시대로까지 곧장 이어졌다.

20세기에도 이러한 입장은 저명한 정신과학자들의 지지를 받았다. 이들 중에는 나의 성장 과정에 상당히 큰 영향을 끼친 사람들도 있다. 그중 하나가 현대 언어학의 아버지라 불리는 노암 촘스키Noam Chomsky이다. 그의 핵심 명제는 이렇다. 언어는 행동주의자들의 주장[10]과는 달리 주변인들과의 상호작용 속에서 배우는 것이 아니라 선천적으로 타고나고, 만일 아이가 주변 환경에서 언어를 듣게 되면 학습 과정 없이 "저절로" 발달한다.[11] 그런데 촘스키는 앞서 언급한 앙겔라 프리데리키를 비롯해[12] 여러 신경과학자들과의 활발한 지적 교류를 거쳐 자신의 첫 이론 중 몇 가지 주장을 수정했다. 그럼에도 그의 이론은 수십 년에 걸쳐 세계적으로 확고한 뿌리를 내렸고, 여전히 육체와 정신에 대한 사람들의 일반적인 사고방식에 영향을 끼치고 있다.

하지만 진실을 말하자면, 우리의 언어뿐 아니라 모든 인지적 기능을 조종하는 것은 우리 몸의 일부, 즉 우리 뇌다. 이 '사고 기관'이 뇌졸중 같은 병으로 손상되면 언어와 행동 면에서 장애가 발생할 수 있다. 이는 알츠하이머 같은 뇌의 퇴화 현상도 마찬가지다. 알츠하이머에 걸리면 기억만 사라지는 것이 아니라 언젠가는 정신적 능력과 감정도 사라진다.

결국 뇌는 우리의 잠재력이다. 뇌가 건강하고 제 기능을 하면 우리는 초인적인 일을 할 수 있고, 삶도 멋지게 꾸려 나갈 수 있다. 유치원에서 시작해서 학교와 직장을 거치는 동안 우리가 얼마나 잘 배울 수 있는지, 학습 내용을 얼마나 잘 숙지하는지, 또는 멀티태스킹을 얼마나 원활하게 수행할 수 있는지에 따라 삶이 달라진다. 그뿐이 아니다. 우리의 사회적 삶도 뇌 건강에 좌우된다. 우울증을 앓으면 우리는 행복을 위협받고, 잘 지내지 못하고, 남들과 관계를 맺기가 힘들어진다. 그렇다면 삶의 어떤 단계에서든 우리 뇌를 돌보는 일이 최우선이 되어야 한다. 하지만 안타깝게도 현실은 다르다. 우리는 뇌 건강의 중요성을 어디서도 배우지 못하고 있다.

건강한 육체에 건강한 정신이 깃든다

정신적 능력을 최적의 상태로 끌어올릴 수 있다면, 자기 뇌의 "성능을 높이고" 싶지 않은 사람은 없을 것이다. 지난 몇 년 사이 제약회사들은 사람들의 이런 욕구를 재빨리 감지했고, 이를 새로운 돈벌이 수단으로 삼았다. 이후 언론에서는 심심치 않게 "뇌 기능 증진"이니 "뇌 도핑"이니 하는 말이 자연스럽게 등장하고 있다. 이런 용어가 뜻하는 바는 분명하다. 약물 복용으로 정신적 능력을 향상시키자는 것이다. 이런 향정신성 물질은 주로 메스암페타민이나, 메틸페니데이트 같은 암페타민 계열의 약품에 들어 있고, 주의력 결핍 환자의 치료제로 쓰이는 약제인 리탈린에도 함유되어 있다. 그 밖에 치매 치료에서 기억력 향상을 위해 사용되는 약이나, 피로감을 줄여 학습 기간을 늘려 준다는 각성제와 항우울제, 진정제도 있다. 이런 약물들 가운데 일부는 의사 처방을 받아야 하는데, 처방 없이 구입하는 것은 불법이다.[13] 그런데 전문적인 판단은 제쳐 놓고 상식적으로만 따져 봐도 이런 방법이 인지 기능 향상에 도움이 될지는 의심스럽다. 더구나 암페타민에 중독성이 있다는 사실은 연구로 증명되었고,[14] 항우울제나 항치매제 같은 다른 약품의 경우 뇌에, 특히 젊은 사람들의 뇌에 장기적인 효과가 있는지는 확인되지 않았을 뿐 아니라 효과를 기대하기도 어렵다.[15]

우리는 꿈을 파는 사회에 산다. 자면서도 저절로 공부가 되고, 알약 하나로 식습관을 바꾸지 않고도 체중을 줄일 수 있었으면 하는 꿈 말이다. 수고가 따르는 일은 피하고 싶은 것이다. 만일 험한 길을 편하게 돌아갈 수 있는 기적의 약이 있다면 우리는 비싼 돈을 주고서라도 산다. 뇌 기능 증진 면에서도 마찬가지다. 향정신성 물질이 함유된 약을 먹는 것이 힘들게 책을 들이파는 것보다 훨씬 더 매력적으로 느껴질 수밖에 없다. 또 다른 사업 분야도 있다. 매년 수십억 유로의 돈을 벌어들이는 두뇌 트레이닝용 컴퓨터 프로그램이 그것이다. 나이 든 사람들은 건망증 같은 문제를 예방해야 한다고 생각한다. 그래서 희망을 품고 두뇌 훈련과 관련된 값비싼 프로그램을 구입한다. 사실 정신을 건강하게 해준다는 말에 혹하지 않을 사람이 몇이나 되겠는가? 게다가 기업들은 유명 대학이나 연구소와 연계한 여러 실험 결과를 제시하며 두뇌 트레이닝 프로그램에 효과가 있다고 장담한다. 그런데 자세히 들여다보면 이런 논문들에는 문제가 많다. 프로그램상으로는 두뇌 훈련에 일정 부분 효과가 있지만, 정작 사용자들이 원하는 다른 인지 기능에 대한 효과는 전혀 입증되지 않았기 때문이다. 이런 이유로 2015년 미국의 대기업 루모시티는 당국으로부터 2백만 달러의 벌금형을 받았다. 인지 능력을 높여준다는 광고에 전혀 근거가 없다는 이유에서다.

그로부터 2년 뒤 저명한 전문 잡지 『신경과학 저널Journal of Neuroscience』에 한 논문[16]이 실렸다. 젊은 성인 128명이 10주간 루모시티 게임과 평범한 비디오 게임으로 훈련한 결과를 담은 논문이었다. 이 연구에서 과학자들은 두뇌 훈련이 기억력, 주의력, 멀티태스킹 능력 중 어떤 것도 개선하지 못했으며, 그런 면에서는 루모시티 게임을 하든 비디오 게임을 하든 별로 차이가 없었다는 사실만 거듭 확인했다. 얼마 전에 발표된 다른 연구[17]도 참가자 97명을 대상으로 비슷한 실험을 했는데 결과는 동일했다. 8주 동안 트레이닝을 했지만, 기억과 기획력, 논리적 사고 면에서 전혀 개선 효과가 나타나지 않았다.

오래전, 고대 로마인들은 건강한 육체에 건강한 정신이 깃든다고 말했다. 그들은 육체를 숭배하는 민족이었는데, 이는 그리스인들에게서 물려받은 문화였다. 그들에게 육체적 단련은 무척 중요한 의미를 지니고 있었다. 스포츠는 군사적 목적을 위한 육체 훈련으로, 로마인들은 달리고, 권투하고, 창과 원반을 던지고, 레슬링을 하고, 역기를 들었으며, 5종 경기를 열었다. 게다가 공놀이는 물론이고, 지금의 테니스와 비슷한 시합도 했다. 그럼에도 이 유명한 금언의 저자로 알려진 유베날리스가 『풍자시집Saturae』[18]에서 했던 말의 진짜 의미는 오늘날 우리의 해석과는 다른 듯하다. 그는 로마인들에게 건강한 육체에 건강한 정신이 깃들게 해 달라고 기도할 것을 권한다. 이 말이 뜻하는 바는 분명하다. 유베날리스는 육체를 단련하면 자연스레 정신적 능력도 향상된다는 사실을 몰랐던 것이다. 사실 현대의 우리도 몇 년 전부터 신경과학이 이 문제를 본격적으로 파고들기 시작하고 나서야 이 사실을 깨달았다.

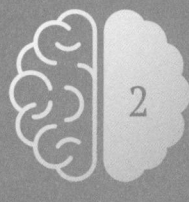

2

나는 몸매가 아니라
뇌를 위해 달린다

　자전거를 타고 달리던 여름이 지나고 겨울이 왔다. 혹독한 겨울이었다. 나는 걷기 시작했다. 집에서 도심까지 갔다가 돌아왔다. 매일 10킬로미터를 걸었고, 가끔은 15킬로미터를 걷기도 했다. 그러다가 어느 날부터는 뛰기 시작했다. 그렇다. 그 추위에도 뛰었다. 처음엔 2, 3킬로미터도 뛰지 못했지만, 날이 갈수록 뛸 수 있는 거리가 늘어났다. 이따금 출근하기 전 새벽에도 뛰었고, 퇴근한 뒤 저녁에도 뛰었다. 한겨울이라 그 시간에는 얼어붙을 듯 추운 데다 어두웠는데도 나는 100헥타르가 넘는 울창한 클라라 체트킨 공원을 달렸다. 그리고 몇 개월 뒤에는 매일 12킬로미터를 뛰었다. 체트킨 공원을 가로질러 운하 변의 운동장을 돌고, 제방을 지났다. 서서히 멋진 풍경이 눈에 들어왔다. 달리기 자체가 재미있지는 않았지만, 뛰고 난 다음 따뜻한 물로 샤워하는 것을 즐거운 마음으로 기다리게 됐다. 시간이 지나면서 잠들기가 편해졌다. 저녁에 통계 그래프나 논문 자료에 집중하기 위해 따로 안정제를 복용할 필요도 없었다. 피곤한 몸은 베개에 머리만 대면 바로 잠이 들었다. 그러면서 저절로 찾아온 변화가 있었다. 내 기억력이 좋아진 것이다.

해마가 중요한 이유

그 몇 개월 사이 내 뇌에서는 무슨 일이 일어났을까? 운동을 하지 않았을 때와 운동을 시작하고 난 뒤, 그 사이에 어떻게 그런 뚜렷한 차이가 생길 수 있었을까? 마렌이 내 책상에 놓고 간 해마에 관한 자료에 몇 가지 해답이 있었다. 자, 이제 해마가 우리의 기억에 어떤 역할을 하는지 함께 살펴보기로 하자.

해마Hippocampus라는 명칭은 원래 라틴어에서 왔는데, 번역하면 바다의 말, 즉 해마 seahorse라는 뜻이다. 신경해부학자들이 이 이름을 지을 때 꽤 훌륭한 상상력을 발휘한 게 틀림없다. 해마의 굴곡이나 고랑이 바닷속 해마와 상당히 닮았기 때문이다. 해마는 굽은 모양이고, 크기는 새끼손가락만 하다. 겉모습만 보면 바나나하고도 비슷해 보이지만, 바나나라는 이름은 '해마'에 비해 별로 신비스러운 느낌은 아니다. 우리 뇌에는 해마가 두 개 있다. 왼쪽과 오른쪽에 각각 하나씩이다. 해마는 뇌의 백색질 깊숙이 위치하며, 뉴런으로 이루어져 있다. 분류계통학적으로 보면, 즉 진화론적으로 보면 해마란 원래 피질이었으나 "안으로 말려든" 것이다.[1,2] 즉 뇌 주름을 통해 뇌 안쪽으로 들어간 것으로 보인다.

해마는 많은 일을 담당하는데, 하나같이 중요한 일이다. 일단 단기 기억부터 살펴보자. 이름이 말해 주듯 단기 기억이란 짧은 시간 동안 기억되는 정보를 가리킨다. 그렇다면 "짧은 시간"이란 무슨 의미일까? 단기 기억력이 좋은지 나쁜지는 어떻게 확인할 수 있을까? 학습심리학은 이를 확인할 방법을 고안해 냈다. 이른바 '기억 테스트'이다. 나는 라이프치히에서 학습 실험을 위해 피험자들을 모집할 때, 객관성을 높이기 위해 피험자들을 전문 용어로 "동질 집단"으로 구성하는 데 신경을 썼다. 즉 어떤 내용을 기억하는 능력이 비슷한 사람들로만 실험 집단을 꾸리려고 했다는 말이다. 그래서 피험자 후보들을 대상으로 사전에 기억 테스트와 지능 테스트를 진행했고, 남들에 비해 기억력이 너무 좋거나 나쁜 사람들, 그리고 지능이 평균치를 확연히 벗어나는 사람들은 제외했다.

이렇게 선정된 피험자들을 대상으로 나는 '기억 범위 테스트 Memory Span Test'를 실시했다.[3] 먼저 피험자들에게 페이지마다 단어가 적힌 두툼한 파일을 보여주었다. 첫 페이지에는 단어가 하나, 둘째 페이지에는 단어가 둘, 셋째 페이지에는 단어가 셋, 이런 식으로 계속 이어지는 파일이었다. 피험자들은 페이지를 넘기면서 자신이 본 단어들을 기억해 순서대로 말해야 했다. 첫 페이지는 단어가 하나뿐이니까 아주 쉽다. 그런데 둘째 페이지에는 단어가 두 개다. 피험자는 이제 첫 페이지에서 봤던 첫 단어에 이어 새로운 단어 두 개까지 기억해야 한다. 셋째 페이지로 넘어가면 단어가 세 개 나온다. 여기서는 첫 페이지와 둘째 페이지에서 봤던 단어들에다가 새로운 단어 세 개까지 외워야 한다. 이렇게 되면 셋째 페이지에서 이미 단어 수는 여섯 개가 된다. 이렇게 넷째 페이지에 이르면 단어 수는 열 개로 불어나고, 피험자는 파일을 들춰 보지 않고 이 열 개 단어를 순서대로 말해야 한다. 짧은 시간 안에 이 단어들을 모두 기억하는 것은 무척 힘들기 때문에, 피험자들은 곧 기억력의 한계를 드러낸다.

　실험 결과와 관련해서는 의견이 갈린다. 세간에 많이 알려진 것은 밀러의 법칙이다. 프린스턴 대학의 조지 밀러George Miller 교수의 이름을 딴 이 법칙에 따르면 평균적인 사람이 단기간에 기억할 수 있는 단어 수는 대략 일곱 개에서 ±2라고 한다. 즉 "마법의 수 7, ±2이다(The Magical Number Seven, Plus or Minus Two, '밀러의 법칙'이 실린 논문 이름이다.−편집자 주)."[4] 나는 이 말을 내 박사 과정 지도교수였던 클리메시Klimesch 교수가 잘츠부르크 대학에서 강연을 했을 때에도 들었다. 그런데 시간이 지나 밀러의 실험이 일반 대학생들을 상대로 실시한 것이라는 사실이 밝혀졌다. 나도 물론 소수이기는 하지만 단어를 스물다섯 개까지 기억하는 피험자들을 보았다. 그런 사람들은 대개 법학자 아니면 의학자였다. 이 두 집단은 학업과 연구 과정을 통해 개념을 기억하는 훈련을 정식으로 받은 사람들이다. 반면에 단어를 네 개 이상 기억하지 못하는 대학생들도 있었다. 결국 나는 이 두 부류의 피험자들, 즉 고성과자와 저성과자의 결과를 배제할 수밖에 없었다. 이처럼 기억 범위 테스트(단어 대신 숫자로 하는 실험은 '숫자 범위 테스트Digit Span Test'라고 한다)는, 고백하자면 보기보다 그리 정확하지 않았다. 게다가 테스트 결과는 제시된 개념들이 서로 연상 작용을 일으키는지, 내용이나 발음 면에서 연관이 있는지, 또 피험자가 몇 살인지에 좌우되기도 했다. 어쨌든 그사이 이런 모든 점을 고려해 기억 연구자들이 이룬 합의가 있다. 보통 사람이 단기적으로 기억할 수 있는 단어 수는 4±1이라는 것이다.[5] 물론 그렇다고 해서 걱정할 필요는 없다!

우리가 새로 알게 된 것들, 그러니까 이름이나 목록 같은 것들은 일단 해마에 모두 저장된다. 가령 우리가 16세기부터 19세기 오스트리아 황제들의 이름을 공부하면 이는 단기적으로 해마에 쌓인다. 사야 할 물건 목록이나 일상의 자잘한 정보, 예를 들어 커피메이커의 전원을 껐는지에 대한 정보의 경우에도 마찬가지다. 이런 정보가 해마에 머무는 시간은 짧게는 몇 초에서 길게는 약 2년에 이른다. 이것이 단기 기억의 범위다. 그러다 시간이 지나면 저장된 내용은 대뇌피질로 옮겨진다. 우리의 모든 지식과 능력을 저장하는 네트워크로 이동하는 것이다. 이 정보들은 여기에 평생 소환 가능한 상태로 보관된다. 물론 커피메이커 전원에 대한 정보처럼, 별로 중요하지 않은 정보는 쉽게 사라진다.

영국의 훌륭한 해마 연구자 엘레노어 머과이어Eleanor Maguire는 해마에 저장된 정보들이 대뇌피질로 옮겨지기 위해 천천히 해마에서 나와 이동하는 모습을 관찰했다.[6] 그걸 어떻게 확인했을까? 그녀는 피험자들의 일상이 담긴 비디오 세 편을 피험자들에게 보여주며 자기공명영상MRI으로 그들의 뇌를 관찰했다. 이로써 각 장면들을 볼 때 활성화되는 해마의 지점, 즉 일상의 장면들이 저장된 지점을 확인할 수 있었다. 이 "작업"은 자극을 받으면 활성화되는 거대한 뉴런 군집이 수행했다.

머과이어는 이 실험을 서로 다른 시기에 세 차례 반복하면서 활성화된 해마 부위가 차츰 공간적으로 이동하는 것을 관찰했다. 이를 바탕으로 2년 내의 기억이 해마를 지나 마지막 종착지인 대뇌피질로 옮겨진다는 결론에 이르렀다. 나는 2014년 시애틀에서 이 놀라운 실험에 관한 강연을 들었지만 지금까지도 그녀의 발견에 감탄을 금치 못한다. 이제 우리는 훌륭한 단기 기억이 훌륭한 장기 기억의 토대라는 사실에 충분히 공감할 수 있다. 또한 이 사실은 학교와 직장에서의 성공에 좋은 토대가 된다.

다른 형태의 기억도 해마에 자리하고 있다. 공간 기억이 그것이다.[7] 해마에는 장소 세포들로 이루어진 놀라운 위치 탐지 시스템이 구축되어 있다.[8] 이것은 공간 안의 특정 지점을 관장하는 세포다. 예를 들어 우리가 낯선 도시의 호텔에서 박물관으로 걸어간다고 가정해 보자. 먼저 사거리를 건너고, 길모퉁이의 레스토랑을 지나고, 레스토랑 맞은편의 꽃집을 지날 것이다. 이때 장소 세포는 이 공간들을 머릿속에 하나하나 입력하는데, 그에 대한 정보는 우리의 감각, 그중에서도 주로 눈을 통해 얻는다. 그런데 감각적으로 지각하는 정보가 바뀌면, 그러니까 2년 뒤 다시 그 박물관을 찾아갔을 때 박물관의 외관이 바뀌었거나 앞에 광장이 새로 조성되었거나 하면 다시 한번 더 봐야 그 장소를 알아볼 수 있게 된다. 장소 세포에는 이 위치에 대한 모형이 다르게 저장되어 있기 때문이다. 새 정보는 박물관의 위치를 담당하던 장소 세포의 상태에 변화를 만들어 낸다. 다시 말해, 바뀐 정보를 부지런히 처리하는 과정에서 일부 세포는 장소 세포 군락을 떠나고, 다른 세포들이 추가되는 것이다.

연구에 따르면 장소 세포는 뇌 속의 다른 부위, 즉 후각을 담당하는 이상피질梨狀皮質, Gyrus Piriformis로부터도 정보를 받는다.[9] 이 부위는 라틴어로 '배梨 모양으로 생긴 피질'이라는 뜻인데, 눈 뒤에 위치해 있다. 여기서 흥미로운 건 해마와 이상피질 사이의 소통을 가능하게 하는 해부학적 연결점이 상당수 있다는 사실이다. 위치와 냄새가 서로 연결되어 있다는 것은 개를 보면 뚜렷이 알 수 있다. 산책을 할 때 개들은 전날 맡았던 친구나 적이 남긴 냄새를 귀신같이 찾아낸다. 우리의 머릿속도 냄새와 장소, 도시, 집 같은 정보로 가득 차 있다. 간밤의 비로 거리가 깨끗이 씻겨 나간 어느 여름날 새벽의 파리는 빈이나 로마와 다른 냄새가 난다. 런던도 자기만의 고유한 냄새가 있다. 우리는 무의식적으로 항상 어떤 장소를 냄새로 기억하고 연결한다. 장소 세포는 우리의 감각 기관으로부터 들어온 정보를 이용하기 때문이다.

이와 관련된 일화를 하나 소개하겠다. 몇 년 전 나는 프랑크푸르트 공항 면세점의 향수 코너를 지나가며 향수를 시험해 보고 있었다. 그러다 어떤 보라색 병에 든 향수 냄새를 맡는 순간 마음의 눈앞에 옛날 할머니의 방과 서랍장이 떠올랐다. 그 위에는 내가 손에 들고 있던 것과 똑같지는 않지만 향기는 비슷한 향수병이 놓여 있었다. '비올레타 디 파르마'라는, 할머니가 매주 일요일 교회에 가기 전 뿌리던 향수였다. 나중에 생각해 보니 흥미로웠던 점은, 공항에서 향수 냄새를 맡을 때 할머니가 아니라 내 유년기와 청소년기 동안 변함없이 흰 레이스 받침 위에 놓여 있던 향수병과 짙은 색의 서랍장이 떠올랐다는 사실이다.

이처럼 장소 세포는 시각 정보뿐 아니라 냄새 정보도 활용한다. 그리고 이 정보들을 토대로 우리가 이동하는 공간의 상세한 머릿속 지도를 만든다. 2014년 존 오키프John O'Keefe는 장소 세포를 발견한 공로로 노벨생리의학상을 받았다.

해마 안에서 어떤 세포가 활성화되어 있는지 확인하는 방법이 궁금할지도 모르겠다. 이는 뇌파 검사를 통해 확인할 수 있다. 뇌파 검사는 세포가 하나의 자극을 받았을 때 반응하는 전기적 활동성을 측정한다. 장소 세포의 경우에는, 비록 100년 전 방법이기는 하지만 전문가적 해석이 필요한 단일 세포 측정이 적합하다. 케임브리지 대학에서 연구 활동을 했던 영국 생리학자 에드거 에이드리언Edgar Adrian 경은 1920년대에 최초로 이런 실험을 했고,[10] 그에 대한 공로로 1932년에 노벨상을 받았다. 단일 세포를 측정하려면 우선 장소 세포를 찾아낸 뒤 미세 전극을 삽입해야 한다. 미세 전극은 유리와 백금, 텅스텐으로 만든 가느다란 섬유로, 백열전구의 필라멘트를 이루는 중금속 성분과 비슷하다. 미세 전극을 이용하면 위치에 대한 세포의 활동성을 기록해서 외부로 옮기는 것이 가능하다.

2006년 나는 핀란드 호수 지대 중심에 위치한 이위베스퀼레 대학에서 이 주제와 관련된 뇌파 검사 워크숍에 참석했다. 우리는 실험실에서 길들인 쥐들을 만났고, 쥐의 뇌 속에 기구를 삽입하는 법을 배웠다. 기구 삽입은 쥐가 깨어 있는 상태로 진행했다. 뇌 속엔 신경이 없어서 어떻게 건드리든 통증을 느끼지 못하기 때문이다. 아무튼 전극이 삽입되고, 뒤이어 전기 자극을 증폭기로 보내는 얇은 철사까지 삽입된 쥐들은 미로로 옮겨졌다. 쥐들이 통로를 탐색할 때 어떤 세포가 미로의 어떤 지점에서 활성화되는지는 컴퓨터 화면에 표시되었다. 나는 쥐들의 차분함에 감탄했다. 이 워크숍에서 내가 할 일은 실험을 관찰하고, 미로에 들어가기 전에 쥐들을 쓰다듬는 일 뿐이었다. 그래서 다행히 나는 해마에서 장소 세포를 굳이 찾을 필요가 없었다.

 그런데 사실 장소 세포에 대한 이 설명은 반만 진실이다. 장소 세포 혼자 뇌 속의 지도를 그리는 것이 아니기 때문이다. 위치를 탐지하려면 장소 세포 말고 필요한 것이 또 있다. 바로 격자 세포다.[11] 이 세포는 우리가 움직이는 공간을 일종의 좌표계로 분할한다. 마치 자동차 내비게이션의 GPS 좌표처럼 말이다. 그런데 격자 세포는 해마가 아니라 대뇌피질, 그중에서도 해마곁이랑 속에 있다. 이 부위는 말 그대로 피질 중에서 '해마 곁에 붙어있는 이랑'을 가리킨다. 그런데 해마와 해마곁이랑이 가깝게 붙어 있는 것은 우연이 아니다. 이들 사이에는 서로 협업을 가능하게 하는 무수한 해부학적 연결점이 있으며, 이를 통해 장소 세포와 격자 세포 사이에 끊임없는 정보 교환이 이루어진다.[12] 우리는 이 소통을 통해 방금 우리가 오갔던 공간을 비롯해 살아가는 내내 돌아다녔던 주변 환경에 대한 세세한 기억을 간직하게 된다.[13,14]

격자 세포는 2005년 노르웨이 베르겐 대학의 연구자 부부 에드바르드 모세르Edvard Moser와 마이브리트 모세르May-Britt Moser에 의해 발견되었다. 두 사람은 1995년 박사학위를 받은 뒤 런던으로 갔고, 유니버시티 칼리지의 오키프John O'Keefe 교수 밑에서 해마 장소 세포의 활동성을 측정하는 방법을 배웠다. 기가 막히게 좋은 스승을 만난 것이다. 이 부부는 스승과 함께 2014년에 노벨상을 받았다. 이렇게 해서 장소 기억의 분야에 길이 남을 두 가지 이정표는 최고의 권위를 가진 기관에 의해 공식적으로 인정받았다.

2015년 10월 나는 시카고 신경과학학회 콘퍼런스에 참석했다. 회원 수가 약 3만 5천 명에 달하는 세계적으로 가장 큰 학회 중 하나였다. 그곳에서 나는 감사하게도 마이브리트 모세르의 멋진 강연을 들을 기회를 얻었다. 그녀는 대형 회의장에 가득 찬 7천여 명의 청중 앞에서 연구자의 열정을 유감없이 드러내며 자신의 연구팀이 어떻게 그런 빛나는 결과에 이르게 되었는지 보고했다. 천성이 겸손한 사람이었다. 그들 부부는 학자 집안 출신이 아니었다. 모세르 부부가 처음 실험을 했던 공간도 전쟁 중에 방공 벙커로 쓰던 트론헤임 대학의 지하실이었다. 당시 그들은 처음부터 끝까지 모든 걸 스스로 알아서 해야 했다. 동물의 뇌를 측정하는 것은 일상이었고, 동물 우리도 직접 청소했다. 그러니까 흔히 하는 말로 밑바닥부터 차근차근 올라가며 연구 경력을 쌓다가, 마침내 노벨상까지 받게 된 것이다. 그녀의 진솔함에 청중들은 가슴 뭉클해하며 모세르 부부가 이 상으로 연구자들의 명예의 전당에 오른 것을 진심으로 축하했다.

　해마에 대한 이야기는 아직 끝나지 않았다. 조금만 더 들어 주길 바란다. 해마 속에서 일어나는 멋진 일이 하나 더 있다. 바로 신경 생성이다. 신경 생성이란 "새로운 뉴런의 탄생"을 의미한다. 태아기에 뇌가 형성되고 뉴런이 생긴다는 것은 누구나 안다. 그러나 이가 난 모양과 비슷해서 '치아齒牙 이랑'이라고 불리는, 해마와 해마곁이랑 사이의 특정 지점에서 평생 동안 매일 새로운 세포가 만들어져 뉴런이 된다는 사실은 아직까지도 잘 알려져 있지 않다.[15] 이때 흥미로운 것은 뉴런이 되기 전의 줄기세포가 마치 레일을 타고 움직이듯 치아 이랑에서 신경아교세포 돌기로 이동한다는 사실이다. 다시 말해 줄기세포들이 장차 사용될 지점으로 옮겨 간다는 말이다. 줄기세포들은 여기에서 최종 형태와 기능을 갖춘다.

그럼 뉴런은 왜 평생 계속 만들어져야 할까? 이유는 분명하다. 우리가 살아가는 동안 뉴런의 일부가 망가지기 때문이다. 가령 우리가 술을 마시거나, 잠을 잘 못 자거나, 뇌를 다치거나, 병에 걸리거나 하면 뉴런은 망가진다. 이때 새로운 뉴런은 뇌에서 수리와 정돈 작업을 한다. 이는 달리 말하면 점점 낡아가는 집에서 헌 벽돌을 새 벽돌로 교체하는 것과 비슷하다.[16]

물론 단순히 뇌의 정돈과 수리만을 위해 신경이 만들어지는 것은 아니다. 만일 우리가 어떤 일에 집중하면 그 일을 담당하는 특정 부위에는 뉴런이 더 많이 필요해진다. 가령 당신이 지금 외국어를 매일 한 시간씩 공부한다고 가정해 보자. 그러면 얼마 지나지 않아 브로카 영역(언어를 담당하는 영역)이 밀려드는 정보를 가장 잘 가공해서 저장하기 위해서는 지원군이 필요할 수밖에 없게 된다. 이때 브로카 영역의 뉴런은 해마에 지원 요청 신호를 보낸다. 그러면 이 신호가 해마를 자극해서 줄기세포를 생산하게 하고, 이 줄기세포는 치아 이랑에서 언어 담당 영역으로 이동한 뒤 언어 학습에 필요한 뉴런으로 재탄생한다.[17,18]

2008년 막스플랑크 연구소의 전임 연구원 보그단 드라간스키 Bogdan Draganski의 한 실험이 세상의 주목을 받았다.[19] 그때까지 만 해도 사람들은 훈련이 뉴런 간의 연결을 변화시킬 수는 있지만 회색질의 구조 자체는 바꾸지 못할 거라고 생각했다. 실험에 들어가기 전 드라간스키는 모든 피험자를 대상으로 대뇌피질의 구조와 밀도를 측정한 다음, 이들을 두 집단으로 나누었다. 한 집단은 3개월 동안 공 세 개로 저글링 훈련을 했고, 다른 집단은 하지 않았다. 이후 드라간스키는 피험자들의 뇌를 다시 촬영했다. 결과는 놀라웠다. 저글링을 한 집단의 경우 복잡한 운동을 처리하는 뇌 영역에 변화가 생긴 것이다. 그런데 주목할 점은 이 변화가 기능상의 변화에 그치지 않고 놀랍게도 뇌 구조상의 변화로도 나타났다는 사실이다. 결론적으로, 훈련은 뇌 구조를 강화한다. 이는 해마에서 새로운 세포가 공급되지 않으면 불가능하다![20]

그런데 이와 관련해서 흥미로운 건 신경 생성의 발견이 1965년에 알트만J. Altman과 다스G. Das가 진행한 연구 결과와 뿌리가 닿아 있다는 사실이다.[21] 두 연구자는 성체 쥐의 사례로 신경 생성 현상을 설명함으로써, 뉴런의 수는 태어나면서부터 영구적으로 결정된다는 당시의 도그마적 견해에 반기를 들었다. 그렇다면 당시 연구 공동체, 즉 학회는 알트만과 다스의 발견에 어떻게 대응했을까? 그냥 무시해 버렸다. 그런데 1977년에 또 다른 과학자 캐플런M. S. Kaplan이 『사이언스』지에 투고해서 알트만과 다스의 결과를 옹호했다.[22] 이는 나중에 신경 생성이 조류에게서 나타난 것을 증명한 노테봄F. Nottebohm의 연구[23]와도 일치했다. 그럼에도 주류 학계는 여전히 기존 입장을 고수했다. 신경 생성이 "하등 동물"에게만 일어날 뿐 포유류에게는 해당되는 일이 아닐 수도 있다는 것이다.

그렇다면 신경이 생성된다는 사실이 포유류, 그러니까 인간에게도 인정된 것은 언제일까? 1990년대 말, 또는 2000년대 초였다. 엘리자베스 굴드Elizabeth Gould[24,25]와 피터 에릭슨Peter Eriksson[26]의 연구로 말이다. 이후 학회는 이 이론을 받아들였고, 해당 분야의 연구를 지원했다. 그러다 드디어 2018년에는 특별한 기술을 통해 살아 있는 동물의[27] 신경 생성마저도 증명하는 수준에 이르게 되었다. 이처럼 시대는 변한다. 과학계에는 쓸데없이 오랫동안 무지의 아집에 사로잡혀 우리를 헤매게 하는 심각한 오류들이 많다. 왜 그럴까? 과학계의 기성세대들은 새로 제기되는 이론에 동의하지 않았고, 학계의 권력은 항상 그들이 쥐고 있었기 때문이다.

해마는 점점 쪼그라든다

지금껏 살펴보았듯이 해마의 능력은 참으로 놀랍다. 하지만 해마의 이런 멋진 모습 뒤에 숨겨진 이면도 있다. 20세부터 인간의 해마는 매년 1~2퍼센트씩 쪼그라든다.[23,28] 우리 몸의 모든 영역이 그렇듯, 우리 뇌도 시간이 지나면 늙어 간다. 해마는 자연스럽게 수축하며, 이에 따라 정신 능력도 감퇴되지만 이는 처음엔 거의 인지할 수 없을 만큼 서서히 진행된다. 그래서 해마가 수축된 여파는 25세에는 느껴지지 않는다. 30세에도 느껴지지 않는다. 하지만 40세가 되면 우리는 이 중요한 부위의 최소 20퍼센트를 잃게 되고, 이 때문에 해가 갈수록 새로운 것을 기억하는 능력은 점점 떨어진다.

나이 든 사람들이 컴퓨터 배우는 걸 꺼리는 이유도 여기에 있다. 그들에게는 소프트웨어의 여러 진행 과정을 머릿속에 저장하는 것이 어렵기 때문이다. 또한 60세가 넘으면 편리한 스마트폰을 놔두고 차라리 2G폰을 달라고 하는 사람이 많다. 복잡한 스마트폰을 사용하기 너무 부담스럽기 때문이다. 이 나이쯤 되면 거의 모든 사람이 비밀번호와 새로운 이름, 얼굴을 기억하는 데 어려움을 겪는다. 외국어를 배우기도 쉽지 않다. 외워야 할 새로운 단어가 많다면 연상 같은 학습 보조 기법으로 외우는 것이 좋다. 그러지 않으면 힘들기 때문이다. 하지만 단어를 암기한 지 며칠만 지나도 외운 단어 목록에 벌써 듬성듬성 빈 곳이 생기는 탓에, 끊임없이 암기를 반복할 수밖에 없다. 그래서 일정 나이부터는 외국어를 배우는 것이 고역이 된다. 이유는 분명하다. 우리의 기억은 해마와 해마곁이랑에 의해 유지되는데, 안타깝게도 이 부위들은 나이를 먹어갈수록 점점 기능이 떨어지기 때문이다.

대뇌피질도 점점 얇아진다

그럼 해마만 쪼그라드는가? 유감스럽게도 아니다. 해마와 동시에 대뇌피질도 상당 부분 줄어든다.[29] 줄어드는 정도의 차이만 있을 뿐이다. 게다가 백색질도 나이에 따라 약 10~15퍼센트까지 쪼그라든다.[30] 당연히 뇌 부피 역시 축소되며 일반적인 인지 능력도 감퇴한다.[31]

그렇다면 이런 의문이 든다. 인류의 진화 과정에서 왜 이 현상을 막을 메커니즘이 개발되지 않았을까? 진화신경해부학자 쳇

셔우드Chet Sherwood와 그의 동료들은 이 물음에 대한 답을 찾아 나섰다. 그들은 인간과 침팬지의 뇌 축소 현상을 비교하고, 이 점에서는 침팬지가 인간에 비해 자연의 특혜를 더 많이 받은 것을 확인했다. 그러니까 침팬지의 경우 노화에 따라 뇌가 축소되는 규모가 인간보다 훨씬 적었던 것이다. 셔우드 연구팀은 뇌세포 속의 미토콘드리아에서 그에 대한 답을 찾아냈다. 미토콘드리아는 세포의 에너지 공급원이다. 일종의 작은 발전소라고 생각하면 된다. 근육 세포를 예로 들면, 이 세포에 에너지가 많이 필요할수록 세포 속 미토콘드리아도 더 많다. 어떤 경우는 미토콘드리아의 수가 세포 용량의 40퍼센트에 이르기도 한다.

챗 셔우드는 자신의 연구 논문[32]에서 인간 뇌세포는 처리해야 하는 일이 많기 때문에 우리의 친척뻘인 원숭이 종보다 더 많은 에너지가 필요하다고 말한다. 그게 아니더라도 인간 뇌세포는 그사이 상당히 늘어난 우리의 평균 수명 때문에 다른 동물보다 더 많은 산화 스트레스에 노출되어 있다. 요약하자면, 인간의 뇌는 쉼 없이 최고 속도로 달리고 있다. 그것도 무척 오랜 시간 동안 말이다. 이는 미토콘드리아라는 작은 발전소를 심각하게 소모시키고, 이 때문에 미토콘드리아는 더 이상 자신의 임무를 예전만큼 잘 수행하지 못한다. 그 결과, 나이가 들면 대다수의 뇌세포는 에너지를 공급받지 못해 사멸하고 이로 인해 뇌 부피도 줄어든다.

이 이야기를 듣고 혹시 이런 의문이 들지 모른다. 앞서 설명한 것처럼 해마에서 생성된 새로운 뉴런이 대뇌피질을 고치고 낡은 세포를 대체하면 되지 않을까? 그러나 나이가 들면 해마도 더는 팔팔하지 않다는 사실을 기억해야 한다. 해마 역시 쪼그라들고, 기능도 많이 떨어진다. 이제 여러분도 나처럼, 자신의 해마와 대뇌피질에 대한 걱정이 슬슬 치밀어오를 것이다. 그렇다면 해마에 활력을 주려면 어떻게 해야 할까? 이제 여러분에게 그 비밀을 알려주겠다!

줄어드는 뇌를 되돌릴 유일한 방법

누가 여러분에게 당신의 해마 건강을 지켜줄 약이 있다고 선전하면 절대 믿지 마라. 그런 약은 없다. 다만 다른 형태의 약은 있을 수 있다. 바로 지구력을 키우는 유산소 운동이다.

다들 기억할지 모르겠지만, 나는 라이프치히에서 매일 12킬로미터를 달렸다. 조깅은 새벽 6시나 저녁 7시에 끝났다. 코스는 어떻게 골랐을까? 나는 지루하게 트랙만 돌기보다 풍경이 계속 바뀌는 길을 뛰고 싶었다. 거리는 한 시간 반에서 두 시간 정도로 너무 적지도 많지도 않아야 했다. 그게 나한테 맞았다. 중요한 건 조깅이 끝난 뒤, 완전히 지친 상태로 엉금엉금 기어서 집으로 돌아오지 않아야 한다는 것이다. 대신 땀에 흠뻑 젖었지만 상쾌하고 가벼운 상태로 돌아와 뜨거운 물로 샤워한 뒤 연구실로 출근하거나, 맛있는 파스타를 요리해 먹었다.

사전에 따르면 지구력은 "육체적으로나 정신적으로 일찍 나가 떨어지지 않고 최대한 빨리 몸과 정신이 회복될 수 있을 만큼 일정한 강도(예를 들어 달리기의 경우에는 속도)로 오래 버틸 수 있는 운동 능력"을 말한다. 나의 조깅은 이 개념에 딱 맞았다. 이런 나의 달리기에 대해 나의 전 동료이자 철인 3종 경기 선수인 미하엘과 가끔 주고받았던 대화가 기억난다. 그는 종종 나와 함께 뛰면서 내 달리기 속도를 높여 주려고 했다. 하지만 그건 내가 원하는 것이 아니었다. 내가 하려던 달리기는 맑은 공기를 마시며 내 몸과 자연, 그리고 어떻게든 내가 도움을 주고자 했던 해마와 만나는 활동이었다. 그러니까 나는 무슨 시합에 나가려고 훈련하는 것도 아니었고, 살을 빼려고 운동하는 것도 아니었다.

아무튼 내 운동 능력은 나도 모르는 사이에 나날이 좋아졌다. 지치는 속도는 느려졌고, 달리는 속도는 빨라졌다. 일부러 그런 것이 아닌데도 나는 자연스럽게 점점 더 빨리 달리게 됐다. 그러던 어느 날, 잠도 잘 자고 근육에 탄수화물도 충분한 상태에서 코스를 한 시간 안에 주파했다. 시속 12킬로미터의 속도였다. 이는 결코 느린 속도가 아니다. 게다가 내 몸은 이렇게 빨리 달리는 것을 즐기고 있었다. 이것이 바로 내 몸에 산소를 공급하는 순수 유산소 운동이었다. 그것도 야외에서 말이다.

우리는 강도 높은 운동을 할 때 필요한 힘, 즉 에너지를 우리가 마시는 공기에서, 그중에서도 공기 중에 함유된 산소를 통해서 얻는다. 이때 운동 강도를 높이면 우리는 더 많은 산소를 얻기 위해 더 빨리 호흡한다. 물론 그럼에도 산소를 충분히 얻지 못하는 경우가 있다. 그러면 우리는 몸에 산소 공급이 부족한 무산소 상태로 접어든다. 이는 점진적인 적응 과정 없이 운동을 할 때 자주 느끼는 현상이다. 예를 들면 처음 달리기를 하면서 우리 몸 상태에 비해 너무 무리한 목표를 설정하는 경우가 그렇다.

무산소 운동이 주를 이루는 스포츠는 기록경기다. 하지만 이는 우리와는 상관이 없는 운동이다. 이 책에서 다루는 것은 유산소 운동과 지난 몇 년 사이 그와 관련해서 발표된 신경과학

연구이기 때문이다. 여기서 핵심은 '적당한' 운동이다. '적당하다'는 말은 각자의 상태에 맞게 운동 강도나 목표를 다르게 설정해야 한다는 뜻이다. 당시의 나에게는 10킬로미터가 적당했지만, 운동선수에게는 이보다 훨씬 더 높은 강도의 운동이 적당할 것이다. 그리고 지금껏 거의 운동을 하지 않던 사람에게는 맑은 공기를 마시며 2킬로미터 정도 산책하는 것이 맞을 수 있다. 이 장을 마저 읽고 나서 당장 밖으로 나가는 것도 좋은 시작이다. 아무튼 원칙은 이렇다. 유산소 운동은 우리에게 좋은 영향을 끼쳐야 하고, 그 과정에서 우리는 편안함을 느껴야 한다. 우리를 무산소 상태로 만드는 운동은 모두 불쾌하고 힘들다. 그러면 이 운동을 오래 지속하지 못하거나, 어쩌면 평생 회피하게 될 수도 있다. 이는 절대 우리가 바라는 바가 아니다!

해마 이야기로 돌아가 보자. 지금까지의 연구가 보여 주는 결과는 명확하다. 유산소 운동은 우리의 해마를 건강하게 해 준다는 것이다.[33] 미국 보건원의 연구원 헨리에트 반 프라그Henriette van Praag는 1999년 『네이처 뉴로사이언스Nature Neuroscience』에 선구적인 연구 결과를 발표했다. 달리기가 신경 생성을 촉진한다는 것이다.[34] 이것을 어떻게 증명했을까? 당시 많은 연구 그룹이 매달린 문제가 하나 있었다. 바로 자극이 많은 환경이 신경 생성을 촉진하느냐 하는 질문이었다. 이 문제를 풀려고 과학자들은 우리에 쥐들이 탐색할 만한 여러 물건을 놓아두었다. 그중에는 수중 미로나 쳇바퀴도 있었다. 실험쥐들은 자연에서 살아가는 쥐와 마찬가지로 가족이나 공동체 단위로 생활했다. 이들은 아무런 환경적 자극 없이 우리에서 고립되어 살아가는 쥐들에 비해 해마의 신경 생성 활동이 눈에 띄게 활발했다.

그런데 해마에서 새로운 줄기세포가 활발히 생성된 이유가 자극이 많은 환경 덕분인지, 운동 덕분인지, 아니면 사회적 상호작용 때문인지는 불확실했다. 그래서 반 프라그는 성체 쥐들을 대상으로 각 요소를 분리해서 실험했다. 그러니까 한 집단은 자극이 많은 환경을, 다른 집단은 운동량이 많은 환경을 경험하게 한 것이다. 그 결과 자발적인 쳇바퀴 운동이 쥐들의 신경 생성에 가장 강한 영향을 끼친 요인임이 밝혀졌다. 이후 이 사실은 여러 연구 그룹의 무수한 연구를 통해 잇따라 증명되었다.

규칙적으로 달리기를 하는 사람들에게 왜 뛰느냐고 물으면 흔히 몸매나 건강을 위해 뛴다고 답한다. 뇌를 위해 뛴다고 대답하는 사람은 거의 없다. 하지만 지금 이 순간부터는 뇌를 위해 뛴다고 답하는 사람이 나 혼자만이 아닐 거라 확신한다.

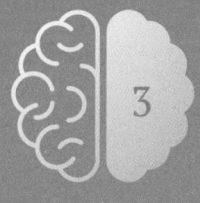

3

똑똑한 뇌를
만드는 법

　내가 해마를 어떻게 잘 돌보고 길러야 하는지 알고 난 뒤, 해마와 나의 관계는 완전히 달라졌다. 나는 어떤 일이 해마에 도움이 될지 매일 고민했다. 해마와 함께 여가 시간의 대부분을 계절의 흐름에 따라 달리기와 자전거, 산악자전거, 트레킹, 스키로 보냈다. 이런 나를 보면 당연히 운동 말고 다른 일은 하지 않느냐는 궁금증이 들 테지만, 아니다. 당연히 다른 일도 한다. 나는 운동 말고도 내 삶의 또 다른 일에도 열정을 쏟는다. 과학자로서의 연구 활동에, 그것도 엄청나게 많은 시간을 쏟는다.

일주일에 일하는 시간만 마흔 시간이 넘는다. 그런데 내가 일을 많이 할 수 있는 이유는 나의 해마가 건강하기 때문이다. 그래서 나는 늘 해마를 세심히 돌보는 대신 다른 여가 활동을 포기한다. 하루는 24시간으로 한정되어 있으니 모든 것을 가질 수는 없다.

성적이 좋은 아이들의 비밀

'뇌와 운동'이라는 주제를 다룬 기사들을 유심히 살펴보면 대개 나이 든 사람들에 대한 논의로 흘러가는 경향이 있다. 전문가들은 정신 능력의 퇴화를 가능한 한 늦추기 위한 방법으로 운동을 권고한다. 특히 최근에는 운동이 치매 예방에 좋다는 이야기도 많이 나온다. 맞는 말이다. 그런데 뇌의 노화에 관한 논의를 가만히 지켜보다 보면 마치 젊을 때는 굳이 인지 능력을 개선하기 위해 운동할 필요가 없다는 말처럼 들리기도 한다. 젊을 때는 모든 것이 쌩쌩할 거라고 착각하는 것이다. 이는 대학생들과의 대화를 통해서도 드러난다. 젊은 사람들은 여성의 경우 주로 체중 관리를 위해, 남성의 경우에는 근육을 키우기 위해 헬

스장을 다닌다. 그들은 운동이 건강에 좋다고 주장하지만, 그러면서도 운동을 몸매를 가꾸는 수단으로 보는 경향이 강하다. 반면, 운동이 젊은 사람들의 뇌, 즉 어린아이와 청소년의 뇌에도 엄청난 이익을 안겨 준다는 사실은 별로 알려져 있지 않다.

최근 이루어진 연구들은 하나의 명확한 결과로 수렴한다. 바로 아동기와 청소년기의 신체 활동은 신체 건강에도 좋지만, 동시에 학업 성적에도 좋은 영향을 끼친다는 것이다.[1,2] 이 결과를 도출하기까지 과학자들은 우선 아이들의 건강 상태를 조사했다. 이를 위해 체질량 지수BMI, 즉 키와 몸무게를 이용해 비만도를 측정하는 지수를 비롯해 다른 모든 의학적 매개변수를 동원했다. 과학자들은 이런 자료를 종합해서 각 아이들의 건강에 1(건강하지 않다)부터 5(매우 건강하다)까지 단계별로 점수를 매겼다.

그런 다음 아이들의 운동 능력을 객관적으로 조사했다. 즉 자기가 달리기를 아주 잘한다고 하는 아이들의 말에만 의존하지 않았다는 뜻이다. 아이들은 연구자들 앞에서 실제로 일정 구간을 달려야 했다. 예를 들어 이 구간이 1킬로미터라고 하자. 어떤 아이가 매우 좋은 기록으로 1킬로미터를 완주하면 최고 점수인 5를 받았다. 이어 과학자들은 신체의 건강과 운동 능력 사이의 관련성을 조사하기 위해, 통계학에서 사용하는 '상관관계

분석'을 동원했다. 예를 들어 어떤 아이가 신체적으로 아주 건강할 뿐 아니라 달리기도 매우 잘한다면, 이 아이의 신체 건강 대 운동 능력의 비율은 1:1로 표현한다. 이는 최고의 상관관계를 뜻하는 비율이다. 이 수치를 문장으로 바꾸어 표현하면 '몸이 건강할수록 운동 능력도 더 뛰어나다'는 것이다. 이렇게 특정 집단에서 비슷한 상관관계가 쌓이면 이는 개별 사례를 넘어 하나의 인과관계를 제시한다. 즉 운동이 신체 건강의 원인이라는 것이다.

이런 연구들에서는 여러 상관관계가 확인되었다. 그중 신체 건강과 학교 성적의 상관성 역시 점수로 환산할 수 있다. 예를 들어 어떤 아이의 신체 건강이 최상위권에 속한다면 이 아이는 5점을 받고, 학교 성적도 탁월했다면 다시 최고점인 5를 받는다. 이 경우 두 영역의 상관성은 가장 높은 상관관계를 나타내는 수치, 1이 된다. 즉 이 아이는 운동을 좋아하기 때문에 몸이 건강하고, 동시에 학교 성적도 무척 좋은 것이다. 또한 나중에 우수한 성적으로 학교 생활을 마무리할 가능성이 크다.[3] 만일 이런 상관성이 여러 연구를 통해 많은 아이들에게서 사실로 확인된다면 운동을 많이 하는 아이들은 육체적으로나 정신적으로나 운동을 별로 하지 않는 아이들보다 더 건강하다고 할 수 있을 것이다.

그렇다면 알파인스키 부문의 세계적인 스타 마르셀 히르셔 Marcel Hirscher도 학창 시절에 뛰어난 학생이었을까? 그럴 수 있다. 게다가 실제로 운동선수가 운동을 별로 안 하는 사람들보다 응용 문제를 더 잘 푼다는 사실을 확인한 연구 결과도 있다.[4] 물론 이와 관련한 연구는 아직 충분하지 않다. 개인만 놓고 본다면 운동 능력이 인지 능력을 담보하지 못하는 사례는 많다. 마찬가지로 운동은 좋아하지 않지만 학교 성적이 좋은 경우도 있다. 따라서 운동 능력과 인지 능력의 상관성만 주장한다면 개별 사례를 통한 반박이 쏟아질 수밖에 없다.

다만 과학적 연구는 항상 동질 집단 내의 평균적인 피험자들을 대상으로 한다. 나이, 사회·경제적 배경, 교육 수준 등의 조건에 있어 서로 비슷한 사람들을 다룬다는 말이다. 평균에서 크게 벗어난 개별 사례, 즉 운동을 아주 좋아하거나 아주 싫어하는 학생, 혹은 학교 성적이 아주 뛰어나거나 아주 열등한 학생을 대상으로 하는 것이 결코 아니라는 말이다. 어쨌든 최근 몇 년 간의 연구를 통해 논쟁의 여지가 없을 만큼 명확하게 드러난 사실이 있다. 운동을 많이 하고 몸이 건강한 평균적인 학생들이 학교 성적도 더 좋다는 것이다![1,2]

해마를 잘 키우면 아이들도 잘 자란다

그렇다면 신체 건강과 정신 능력 사이의 이런 연관성은 어떻게 생길까? 다시 말해, 규칙적인 운동은 아이들의 뇌에 어떤 작용을 하는 걸까? 일리노이 대학의 연구자들이 이 문제를 추적했다. 2010년 로라 채도크Laura Chaddock는 MRI로 운동을 많이 하는 아이들과 운동을 별로 하지 않는 아이들의 뇌 구조 일부를 조사했다. 아이들은 모두 9세에서 10세 사이였다. 그런데 운동을 많이 하는 아이들은 그렇지 않은 아이들보다 해마가 한층 더 컸다. 채도크는 기억력 테스트도 했는데, 그 결과 해마의 부피와 기억력 사이에 상관관계가 있음이 밝혀졌다. 결론적으로 운동은 아이들의 해마를 키우고, 그로써 해마의 능력을 계발시킨다. 우리 안에서 쳇바퀴를 돌리는 쥐 실험처럼 동물 실험에서도 비슷한 결과가 나왔지만, 인간을 대상으로 이를 증명한 것은 채도크가 처음이었다.[5] 1년 뒤, 그러니까 2011년에는 그녀의 동료 커크 에릭슨Kirk Erickson이 중년 피실험자 120명에게서도 같은 결과를 확인했다.[6]

어떻게 해마의 기능을 이런 식으로 측정할 수 있을까? 구조적 자기공명영상MRI 덕분이다. 이것은 살아 있는 뇌의 모든 부위를 의학적 차원뿐 아니라 신경과학적 차원에서도 조사할 수 있게 해 주는 기적의 장비다. 이 훌륭한 기술의 발달은 물리학자 피터 맨스필드Peter Mansfield와 폴 로터버Paul Lauterbur 덕으로, 두 사람은 1970년대 중반에 이 장비 개발에 착수해 2003년에 그 결실로 노벨상을 받았다.

'핵자기공명 컴퓨터 단층 촬영'이라고도 불리는 MRI 장비 안에서는 어떤 일이 벌어질까? 일단 이 장비 내에는 상상할 수 없을 만큼 강한 자력을 가진 자석이 설치되어 있다. 이 자석의 자력은 지구 인력보다 최소 3만 배가 더 강하다. 자석은 우리가 가까이 가는 즉시 인체의 세포들에 영향을 끼친다. 다시 말해 우리가 이 장비 속에 들어가면, 자석을 통해 원자핵 안의 양성자가 자극을 받으면서 세포 내부에 변화가 생긴다. 양성자는 빙빙 도는 팽이처럼, 자신의 축을 중심으로 사방 아무 방향으로나 회전한다. 그러다 우리가 MRI 장비 안에 누우면 우리 세포의 양성자가 자기장 안으로 들어가는데, 이때 양성자의 자연적인 움직임이 바뀐다. 즉 양성자가 똑바로 서면서 얼마 뒤 나침반 바늘처럼 똑같은 방향으로 일정하게 돌게 되는 것이다. 이 과정을 우리는 '세차 운동'이라고 부른다. 그리고 얼마 뒤 양성자는 원래대로 무질서하게 움직이며 다시 이완, 즉 긴장이 풀린다.

이때 흥미로운 것은 양성자가 이완될 때 자신이 속한 조직에 따라 서로 다른 열을 발산하며 기기에 신호를 보낸다는 사실이다. 이 열과 신호를 통해 조직의 종류가 구분된다. 즉, 조직별로 내뿜는 열기가 다른 것이다. 예를 들어 지방 조직은 수분이 많은 조직보다 성능이 좋아서 더 많은 열을 발산하는 식이다. 이 신호는 수치로 전환되고, 이 수치로 양성자가 발산하는 열의 양상과 조직의 종류를 판별한다. 이어 MRI 장비와 연결된 컴퓨터가 이 수치를 '영상'으로 변환하고, 이 영상들은 뇌를 아주 작은 부분까지 시각화해서 보여준다. 다른 신체 부위들에 대한 시각화도 당연히 가능하다. 게다가 기기의 자기장이 강할수록 우리는 뇌 속을 더욱 정확히 들여다볼 수 있다.

얼마 전까지 가장 강력한 MRI 장비의 자력은 지구 자기장의 188,000배에 달했다. 그런데 이조차 훌쩍 뛰어넘는 장비가 개발되었다. 슈퍼 뇌 자기공명영상이라 불리는 차세대 기종이 그것이다. 이 기기는 현재 세계적으로 단 세 대뿐인데, 그중 하나가 라이프치히의 막스플랑크 신경과학 연구소에 있다. 수많은 신경과학자들의 꿈이었던 이 기적의 기기에는 "커넥톰 Connectom"이라는 이름이 붙어 있다. 역대 가장 강력했던 기기들보다 네 배는 더 강력한 이 기기를 이용하면 살아 있는 뇌 속으로 신비한 여행을 떠날 수 있다. 예전이라면 상상도 못할 만큼 섬세한 여행이다. 이 기기는 곳곳의 뇌 부위를 연결하는 신경세포들의 총체적인 연결망, 즉 뇌 지도를 보여 준다. 불과 몇 년 전까지만 해도 SF 영화에서나 가능하던 이야기가 오늘날 현실이 되었다.

막스플랑크 연구소에서 처음으로 MRI 장비 앞에 섰을 때가 기억난다. 지구 자기장의 6만 배밖에 되지 않는 표준 기기였음에도 나는 보자마자 이 기기에 감탄하고 매료되었다. 일단 안전 교육을 받고, MRI 장비 근처에서 하면 안 되는 일에 대해 교육받았다. 우선 철 성분을 함유한 물건조차 근처에 두지 말아야 했다. 예를 들어 철제 의자나 책상, 볼펜 같은 것들 말이다. 만일 철제 물건이 있으면 상상할 수 없는 속도로 장비에 이끌려 근처에 있는 사람에게 심각한 부상을 입힐 수 있고, 심지어 생명을 빼앗을 수도 있다고 했다. 게다가 일부라도 쇠로 된 부품이 있는 장신구는 착용 금지였다. 가령 철제 부품이 달린 귀걸이를 차고 있으면 0.001초 안에 귀에서 찢겨져 나와 기기에 달라붙어 버린다는 것이다. 피어싱이나 다른 액세서리도 마찬가지였다. 그 밖에 심박 조율기처럼 금속 제품을 몸속에 삽입한 사람도 아주 조심해야 했다. 본인은 모르지만 제품 일부가 철로 되어 있을 가능성을 배제할 수 없기 때문이다. 이런 식으로 장비 관리를 담당하는 물리학자가 계속 불안감을 조성했음에도 나는 기기 앞에 섰을 때 속으로 탄성을 터트렸다.

'와, 이제야 드디어 뇌 속을 볼 수 있게 되었어!'

나는 몇 달 동안 이런 감격에 빠져 살았다. 그러다 나의 첫 실험을 위해 이 장비에 직접 프로그램을 작성해야 하는 날이 왔다. 당연히 나는 그 일을 어떻게 하는지 몰랐고, 리눅스 같은 컴퓨터 운영 시스템에 대해서는 더더욱 몰랐다. 맙소사, 이걸 내가 어떻게 해내지? 이런 걱정 때문에 나는 몇 날 며칠 동안 잠을 자지 못했다.

생각의 가지를 뻗어 나가게 하는 법

이제 라이프치히에서 일리노이로 다시 돌아가 보자. 로라 채도크는 해마의 부피를 측정하곤 이런 의문에 빠졌다. 운동을 하는 아이들의 해마 성능을 더 높이는 메커니즘은 무엇일까? 그녀는 7~9세 학생 73명을 연구실로 불러 이들의 몸 상태를 확인했다. 우선 아이들은 러닝머신 위에서 점차 속도를 높이며 자연스럽게 뛰었다. 연구자들은 아이들이 높은 강도로 뛰는 동안 그들의 산소 소모량을 측정했다. 숨을 헐떡거릴수록 건강이 좋지 않다는 뜻이었다. 달리기를 마친 뒤 채도크는 아이들의 해마를 조사했다. 그러자 예상한 대로 해마의 혈류가 증가했다.[7] 이 실험 결과가 말하는 바는 분명했다. 더 많은 혈액이 더 많은 산소를 운반함으로써 해마에 양분을 공급하고, 필요한 경우 해마를 높은 성능으로 움직이게 한다는 것이다.

그런데 MRI 장비로 해마의 혈류를 어떻게 측정할까? 이때 사용하는 것이 동맥 스핀 라벨링ASL이다. 이 기법은 동맥 혈액 내 물 분자를 자기화磁氣化한다. 만일 사람이 MRI 장비 안에 누우면 이 기기는 인체 부위의 자기화된 혈액에서 발산되는 신호를 받고, 이 신호는 다시 수치로 변환된다. 그리고 변환된 수치는 다시 컴퓨터 프로그램에 의해 혈류 영상으로 나타난다. 이를 통해 더 많은 피가 도는 해마와 그렇지 않은 해마를 구분할 수 있다.[8]

아이들이 규칙적으로 운동하면 해마의 혈액 공급에 장기적인 변화가 나타난다. 전문 용어로 혈관화라고 부르는 현상이다. 그러니까 혈관이 좀 더 강해지고, 새로운 혈관이 생겨나는 것이다. 이렇게 혈관의 성장을 촉진하는 것은 우리 뇌에서 가장 작은 세포인 미세아교세포이다. 이미 1장에서 살펴보았던 이 세포는 새로운 혈관의 설계도가 담긴 신호를 발송하고, 다른 세포들이 자랄 수 있도록 '성장 인자'라는 물질을 분비한다. 이 신호와 성장 인자를 받아들이는 부위가 바로 혈관의 건축 재료에 해당하는 혈관내피[9]다. 이처럼 혈관을 새롭게 만드는 것을 '혈관신생血管新生'이라고 부르는데, 말 그대로 혈관이 새로 생긴다는 말이다.

이런 변화가 해마에만 일어나는 일이 아닌 것은 분명하다. 운동을 하면 뇌 속의 모든 혈관은 바쁘게 움직이고, 이로써 더 많은 혈액을 공급받는다. 만일 뇌혈관의 용량이 충분하지 않다면 새 혈관이 만들어진다. 그만큼 우리의 뇌 체계는 "유연하다". 즉, 필요에 따라 뇌혈관의 구조가 바뀐다는 말이다. 따라서 어릴 때 뇌를 많이 쓰고 운동을 많이 할수록, 혈관화를 통해 좀 더 성능이 좋은 뇌가 탄생한다. 탁월한 하드웨어, 즉 산소 공급이 최고로 잘된 뇌는 탁월한 인지 능력을 위한 최상의 토대다.

여러분이나 나 같은 어른에게도 반가운 소식이 있다. 성인에게도 혈관신생과 혈관화의 증가가 얼마든지 가능하다는 것이다.[10] 물론 문제도 있다. 우리가 별로 움직이지 않으면 우리 뇌는 필요 없는 것들을 허물어 버린다. 가끔은 혈관까지도 말이다. 우리가 게으름을 피우면 우리 뇌의 혈관화는 평균 수준에 머무른다. 이로 인해 노년에 나타나는 결과는 수없이 많은데, 이 부분은 나중에 다루겠다.

사실 신경과학계에서 신체 운동이 뇌의 혈관화를 촉진한다는 것이 밝혀진 지는 이미 꽤 오래되었다. 그중 선구적인 연구는 1990년에 발표된 논문으로 거슬러 올라간다.[11] 논문 저자들은 운동이 어떤 메커니즘으로 학습 효과를 높이는지 알아내려 했다. 즉 운동으로 학습 능력이 높아지는 이유가 새로운 혈관이 생겨나서인지, 아니면 새로운 시냅스가 생겨나서인지가 궁금했던 것이다. 이것을 알아내려고 연구자들은 성체 쥐 38마리를 네 집단으로 나누어 30일 동안 야심 찬 실험을 진행했다.

첫 번째 집단은 곡예술을 훈련했다. 예를 들어 얇은 쇠사슬이나 공중에 떠 있는 각목 위를 걷는 연습이었다. 강도 높은 연습으로 쥐들은 실험 막바지엔 이 곡예를 무난히 성공할 수 있었다. 오히려 시작할 때보다 더 힘든 과제를 더 빨리 해냈다. 연습이 거장을 만드는 법이다. 두 번째 집단은 매일 점점 더 오랫동안 쳇바퀴 타는 연습을 했다. 끝에 가서는 쳇바퀴를 타는 시간이 한 시간이 넘을 만큼 운동 강도가 셌다. 세 번째 집단도 쳇바퀴를 타기는 했지만, 원할 때만 타고 원치 않을 때는 그냥 게으름을 피우게 내버려두었다. 마지막으로 네 번째 집단은 우리 속에 쳇바퀴뿐 아니라 다른 운동 기구도 아예 놓아두지 않았다.

실험 기간이 끝나자 과학자들은 쥐들의 뇌를 들여다보았다. 그 결과, 곡예를 배운 집단과 강도 높은 운동을 한 집단의 뇌에서는 혈관이 새로 생긴 것을 확인할 수 있었다. 반면에 편안하게 마음대로 운동을 했던 쥐와 운동할 여건이 전혀 갖추어져 있지 않던 쥐들의 뇌에서는 혈관화가 거의 나타나지 않았다. 다만 특이한 것은 곡예술을 배운 쥐들만, 그러니까 운동을 넘어 까다로운 학습 과제까지 수행해야 했던 쥐들만 소뇌의 시냅스가 더 **빽빽**해졌다는 것이다. 소뇌는 무엇보다 운동 과정을 담당하는 기관이다. 달리기를 했던 쥐들은 뇌에 더 많은 혈액이 돌기는 했지만, 그것이 학습 능력 향상으로 연결되지는 않았다. 그렇다면 결론이 나온다. 시냅스 생성은 운동만으로는 이루어지지 않는다.

이 실험이 가르쳐주는 사실은 무엇일까? 분명한 건 어떤 운동도 혈관과 시냅스 생성에 부정적인 영향을 끼치지 않는다는 사실이다. 이는 이미 예상했던 바다. 다만 우리를 약간 불안하게 만드는 것은, 쳇바퀴를 마음 내킬 때만 잠깐씩 탔던 자발적 운동 집단에서 확인된 것처럼 약간의 운동은 "전혀" 도움이 되지 않는다는 점이다.

단도직입적으로 말하면, 4층에 사는 사람이 매일 엘리베이터 대신 계단을 이용하고, 잠깐 반찬거리를 사러 슈퍼마켓까지 400미터를 걸어가는 것만으로 충분하지 않다는 것이다. 물론 아무것도 하지 않는 것보다는 낫다. 하지만 이런 운동이 우리 뇌에 끼치는 작용은 거의 없다. 우리 뇌에 좋은 영향을 주려면 두 가지 선택지밖에 없다. 강도 높은 운동을 하거나, 아니면 뭔가 배울 내용과 연계해서 운동하는 것이다. 간단히 말하자면, 편안한 정도를 벗어나서 운동해야 우리 뇌 속에 새로운 혈관이 생긴다. 그러면 벌써 절반은 성공한 셈이다.

아이들에게는 이미 완벽한 조합이 마련되어 있다. 학교에서 새로운 내용을 습득하는 활동은 신경 생성을 불러일으킨다. 그러면 해마에서 새로 생긴 신경은 용도에 따라 각 대뇌피질 영역으로 이동되고, 거기서 기존의 세포 연결망을 강화한다. 여기다 운동이 더해지면 혈관까지 새로 생긴다. 시냅스 역시 신체 활동을 통해 더 많이 생성된다. 요컨대, 아이들은 학교 공부와 운동만으로도 성능이 좋은 '하드웨어'를 구축하고, 이 하드웨어는 아이가 인생길을 성공적으로 헤쳐 나가는 데 훌륭한 토대가 된다. 이 모든 메커니즘은 따로따로 작동하지 않고 서로 밀접하게 연결되어 있다.

그렇다면 나는 어렸을 때 운동을 많이 했을까? 내가 자란 곳은 이탈리아 북서부 산악 지대에 속하는 아오스타탈 지방의 한 작은 마을이다. 스위스 및 프랑스와 국경이 맞닿은 지역인데, 구글 어스를 이용해 이 지역을 훑어보면 산과 봉우리, 협곡, 빙하 계곡밖에 보이지 않는다. 여기서 빙하 계곡은 토리노에서 시작되어 주도州都인 아오스타로 향한다. 내 고향에는 해발 고도 4천 미터 급 봉우리가 여럿 있다. 절반이 이탈리아에 속한 마테호른이나 몽블랑, 몬테로사, 그리고 그란 파라디소 봉이 그것이다. 지형이 이렇다 보니 내 고향 사람들은 산을 올라가거나 내려가는 일이 예사였다. 내가 매일 다닌 등굣길도 왕복 8킬로미터였는데, 마을을 지나 4킬로미터를 내려갔고, 다시 집으로 4킬로미터를 올라가는 길이었다. 우리는 산비탈에 살았고, 걸어 다니는 것이 일상이었다. 눈이 많이 내리는 추운 겨울날이면 나는 밭과 목초지, 외양간, 건초 헛간을 터벅터벅 걸어서 지나갔다. 그럴 때면 외양간에서는 소들이 울었고, 좁은 골목길은 건초 냄새로 가득했다. 걷다 보면 와인 저장고와 치즈 저장고에서 나는 쿰쿰한 냄새가 코를 자극했고, 길바닥 곳곳에 널린 거름의 냄새도 공기중에 퍼져 있었다. 소들은 물통의 물이 꽁꽁 얼면 외양간에서 나와 샘물을 마시러 갔고, 도중에 흰 눈밭에다 걸쭉한 소똥을 줄줄이 뿌렸다. 지금 와서 생각해 보면 그 친숙했던 세계가 참 예스럽다는 생각이 든다. 내 친구들 몇은 매일 학교까지 그 먼 산길을 오르내린 것도 모자라 집에서 농사일까지 거들었다. 우리 아오스타탈 아이들은 이렇게 컸다. 물론 티롤과 다른 알프스 산맥 지방의 아이들도 마찬가지였다. 등교는 우리에게 일상 속의 운동이었다.

그렇다, 어떤 면에선 옛날이 좋았을 수 있다. 요즘 아이들의 상황은 다르다. 도시의 콘크리트 벽에 갇혀 사는 아이들은 대개 학교까지 걸어가지 않는다. 거리가 멀기도 하지만, 가는 길에 위험도 많기 때문이다. 그런데 한편으로 보면 걸어서 등교하는 것이 요즘 아이들이 운동할 수 있는 유일한 방법은 아니다. 이제 예전의 그 8킬로미터를 아이들에게 무엇으로, 어떻게 대체해 줄 것인지 깊이 고민해 볼 때다.

기억력을 높이는 가장 좋은 약

신경과학 분야에서 대부분의 문제는 결코 단번에 답할 수 없다. 인지 능력을 개선시키는 주 요인이 혈관신생이냐, 아니면 시냅스 생성이냐 하는 문제도 그렇다. 일리노이 대학의 커크 에릭슨Kirk Erickson은 이 문제를 파고들었다.

뇌에서 일어나는 신경의 물질대사에 없어서는 안 될 물질은 많다. 그중 하나가 N-아세틸 아스파르트산염NAA[12]이다. 이게 없으면 신경세포는 생존할 수 없다. 그런데 나이가 들면 NAA는 줄어든다. 만일 뇌 속에 이 물질이 너무 적으면 알츠하이머 같은 신경 퇴화나 뇌졸중, 그리고 다발성 경화증이나 조현병 같은 신경정신질환이 생길 수 있다.[13] 에릭슨은 이런 의문을 품었다. 유산소 운동을 하면 나이 든 사람의 뇌에서 NAA가 증가할까? 이로써 정신 능력이 보존되고, 뇌 부피의 축소가 늦춰질까? 만일 그게 사실이라면 정신 능력은 혈관과 시냅스에만 좌우되는 것이 아니라 높은 NAA 수치로 결정되는 뉴런의 건강 상태에도 좌우된다. 연구팀은 노인들의 뇌를 조사해 보기로 했다. 피험자들의 나이는 평균 66세였고, 피험자 수는 134명이었다. 연구팀은 일단 피험자들의 건강 상태를 측정했다. 거기엔 심폐 기능에 대한 검사를 비롯해 숫자에 대한 기억력과 공간 기억력 테스트도 포함되어 있었다. 그런 다음, 이마 뒤쪽에 위치한 전두엽의 뉴런 밀도를 MRI로 검사했다. 전두엽은 인지 기능

외에 결정, 연상, 감정, 충동 조절 같은 많은 기능을 담당하는 영역이다. 조사 결과 육체적 건강이 NAA의 수치와 관련이 있음이 드러났다. 육체적 건강 상태가 좋은 피험자들은 운동을 거의 하지 않는 사람들에 비해 기억력 테스트에서 더 좋은 결과를 보였고, 전두엽의 대뇌피질도 훨씬 덜 쪼그라들어 있었다.

결론은 이렇다. 운동을 많이 하는 노년층의 정신적 능력은 혈관화와도 관련이 있지만, 그뿐만이 아니다. 얼마나 많은 과정을 거쳐야 하는지는 아직 누구도 모르지만, 어쨌든 신경 영역에서도 시냅스 생성 같은 과정이 일어난다는 것이다. 그리고 이 과정은 세포 자체가 건강하고 활발할수록 상당히 방대한 규모로 이루어진다. 요약하자면, NAA는 뉴런을 건강하게 만듦으로써 노화에 따른 대뇌피질의 축소를 더디게 한다.

뇌를 가장 효과적으로 키우는 비결

지금까지 나는 운동이 왜 좋은지에 대한 근거를 네 가지 댔다. 신경 생성과 혈관 생성, 시냅스 생성, 그리고 NAA의 증가가 그것이다. 만일 여러분이 내 말에 설득되어 이제부터 할 일 없이 빈둥거리기보다 맑은 공기를 마시며 달린다든지, 아니면 그런 여건이 안 된다면 소파에 앉아 텔레비전을 보며 하루를 마무리하는 대신 집이나 헬스장에서 한 시간 정도 러닝머신을 타고 빠르게 걷기를 한다면 그만큼 반가운 일은 없을 것이다.

앞서 뇌와 운동에 대해 새로 얻은 지식을 어떻게 실행에 옮길지 고민되는가? 혹은 당신이 평소 좋아하는 운동이 정말로 뇌의 발달을 촉진하는지 아직 잘 모르겠는가? 그렇다면 팁을 알려 주겠다. 다만 이런저런 운동이 좋은 것 같다는 내 개인적 판단보다는, 전문 학술지에 발표된 객관적인 연구 결과를 소개하는 편이 더 나을 듯하다. 이런 연구에서는 대부분 쥐를 대상으로 실험을 한다. 실험은 동물 우리 속에 쳇바퀴를 넣어 준 뒤 실험쥐들이 쳇바퀴를 자유롭게 타게 하거나, 아니면 시간에 맞춰 강제로 타게 하는 방식으로 구성되어 있다. 훈련 시간도 그룹마다 짧거나 길고, 달리는 속도도 빠르거나 느리다. 이 결과를 토대로 확고한 전제가 생겨난다. 보통 속도로 걷기나 빠르게 걷기, 달리기는 신경 생성과 혈관 생성, 시냅스 생성, NAA의 증가에 명백히 긍정적으로 작용한다는 것이다. 이는 진화론적으로도 충분히 상상이 가능한 일이다. 우리 몸에는 스스로 적극적으로 활용할 수 있고, 각각의 요구를 통해 얼마든지 활성화되는 재생 메커니즘이 존재한다는 것이다.

이런 이야기를 할 때마다 항상 떠오르는 원시 부족이 있다. '코이산 족'이라고도 불리는 아프리카의 산San 족인데, 발생학적 관점에서 현존하는 가장 오래된 종족이다.[14] 이들은 20세기에도 여전히 남부 아프리카에서 수렵 채취 생활을 하고 있다. 사냥도 예부터 내려오는 지구력 중심의 사냥 방식을 고수한다. 그러니까 길게는 마흔 시간 동안 사냥감이 지쳐 쓰러질 때까지 계속 쫓아다니는 것이다. 황야에서는 견과류와 열매, 타조 알, 그리고 추가적인 단백질 공급원으로 덤불이나 모래 바닥에 숨어 있는 애벌레를 채집한다. 이처럼 늘 부지런히 움직이는 생활 방식은 산 족의 뇌를 활성화한다. 이는 그들의 생존에 필수적이다. 기억력이 뛰어나야만, 그것도 특히 공간 기억을 담당하는 장소 세포와 격자 세포의 성능이 탁월해야만 생존에 유리하기 때문이다. 예를 들어 저번에 칼라하리 사막의 어디에서 타조 알을 발견했는지, 또 잘 익은 열매가 달린 나무가 어디에 있었는지 정확히 기억하는 것은 생존에 꼭 필요하다.

우리 뇌를 이렇게 쉽게 관리하고 발달시킬 수 있다니 정말 대단한 일이다. 그렇다면 비싼 기구를 살 필요도 없고, 그런 기구를 놓을 공간을 따로 마련할 필요도 없다. 그저 편한 신발로 갈아 신고 밖으로 나가 할 수 있는 만큼 뛰면 된다. 혹시 피곤한 날이면 몇 킬로미터 느긋하게 산책만 해도 되고, 다리에 힘이 불끈 솟아나는 날이면 빠르게 걷거나 달리면 된다. 물론 우리의 건강 상태나 체력에 맞게 말이다. 연구에 따르면 운동이 뇌에 미치는 영향은 속도나 강도 면에서 사람마다 차이가 크다고 한다. 예를 들어 어떤 사람은 운동을 조금만 해도 뇌가 바로 영향을 받지만, 어떤 사람은 그보다 더 많은 운동을 해야 비로소 뇌가 영향을 받는다. 사실 모든 게 그렇지 않은가? 뭐든 개인마다 적정한 양은 다른 법이다.[15]

인터벌 트레이닝이나 장거리 달리기처럼 요즘 인기 있는 몇몇 운동 방법은 어떨까? 핀란드 이위베스퀼레 대학의 연구팀이 이 문제에 집중했다. 2006년 내가 뇌파 검사 워크숍에 참가해 강의를 들었던 그 대학이다. 미리암 노키아_{Miriam Nokia}[16]와 그 동료들은 세 가지 실험으로 이루어진 연구에서 이런 질문을 던졌다. 유산소 달리기와 무산소 인터벌 트레이닝, 무산소 장거리 달리기는 신경 생성에 각각 어떤 영향을 끼칠까? 이번에도 88마리의 쥐를 대상으로 실험을 실시했는데, 역시 운동이 쥐의 뇌에 좋은 것은 확실했다. 심지어 다원유전자[17] 측면에서 쥐의 품종 개량까지 이루어졌다. 그러니까 운동을 좋아하는 쥐들이 생겨난 것이다. 물론 편한 것만 찾고 게으름을 피우는 쥐들도 분명 있었다. 어쨌든 답은 분명하다. 쳇바퀴를 타든, 쥐를 위해 특수 제작된 쥐 전용 러닝머신을 타든 유산소 운동은 신경 생성을 유발한다. 그건 운동을 좋아하는 쥐만 그런 것이 아니라 게으름을 피우는 쥐에게도 해당된다. 다른 연구들[18]과는 달리 핀란드 과학자들은 인터벌 트레이닝이나 장거리 달리기 같은 무산소 운동에서는 긍정적인 효과를 찾지 못했다. 이것이 우리에게 구체적으로 뜻하는 바는 무엇일까? 만일 우리가 뇌를 위해서 걷거나 달리기를 한다면 시합을 하듯이 속도를 높일 필요가 없다는 것이다. 그건 기록을 갱신하려는 운동선수에게나 맞는 일이지 우리에게는 맞지 않다. 우리는 단지 해마가 계속 부지런히 뉴런을 생산할 수 있도록 해마에 도움이 되는 일을 하고 싶을 뿐이니까 말이다.

"그럼 해마를 비롯한 뇌 부위를 키울 다른 방법은 없을까요?"

이것은 지금껏 설명한, 운동을 통한 뇌 발달 메커니즘의 활성화가 중요하다는 사실을 충분히 인지하면서도 실제로 규칙적인 운동을 시작하겠다는 생각을 아직 굳히지 못한 사람들이 내게 자주 던지는 질문이다. 물론 우리 뇌를 단번에 건강하게 만들어 주는 마법의 약은 존재하지 않는다. 이는 이미 분명히 밝힌

바 있다. 그런데 내가 여러분에게 아직 말하지 않은 방법이 한 가지 더 있다. 단 이 방법만 쓸 수는 없고, 우리 뇌에 도움을 주기 위한 노력 차원에서 보완적으로만 사용할 수 있다. 무엇인지 짐작하겠는가? 그렇다. 그건 생명체라면 누구든 간절히 원하는 행위, 즉 성관계다![19] 물론 이런 주장의 근거도 다른 많은 연구 분야처럼 동물을 대상으로 실시한 연구 결과들이다. 우리는 쥐 실험을 단순히 동물학적 관심에서만 실시하는 것이 아니다. 그렇다면 그 결과는 당연히 인간에게도 상당히 높은 수준으로 적용할 수 있지 않을까?

그렇다면 그 결과는 어땠을까? 로이너[B. Leuner] 연구팀은[20] 은 수컷 쥐를 세 집단으로 나누었다. 첫 번째 집단에게는 암컷과 단 한 차례만 짝짓기할 기회를 주었고, 두 번째 집단에게는 14일 동안 계속해서 짝짓기할 기회를 허락했다. 세 번째 집단은 아예 금욕 생활을 하게 했다. 그런 다음 연구자들은 쥐의 행동을 며칠 동안 관찰했다.

딱 한 차례만 암컷과 짝짓기를 한 쥐들은 상당한 흥분 상태를 보였다. 먹이를 거부했을 뿐 아니라 새로 넣어 준 흥미로운 미로도 탐색하지 않았다. 과학자들은 그 이유를 수컷의 혈액에서 스트레스 호르몬인 코르티코스테론의 수치가 상당히 높아진 데서 찾았다. 그런데 이 집단은 짝짓기를 전혀 하지 않은 집단보다 해마에서 새로운 줄기세포가 더 많이 생겼다. 그리고 2주 동안 계속 짝짓기를 즐긴 쥐들은 혈중 스트레스 수치가 빠른 속도로 줄어들었다. 신경이 새로 생겼을 뿐 아니라 해마에서 외부 정보를 받아들이는 수상돌기의 가지도 증가했다. 그렇다면 한 가지는 분명하다. 규칙적인 성관계는 동물의 뇌에 좋은 영향을 끼친다!

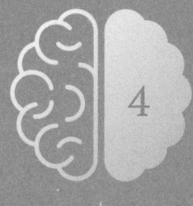

4

뇌가 발휘하는
선택과 집중의 기술

　라이프치히의 연구실에서는 세 명이 함께 지낼 때가 있다. 내 맞은편에 앉은 마렌과 나중에 합류한 에우게니오, 그리고 나까지 셋이다. 에우게니오는 아기들의 언어 학습 과정을 연구하는 이탈리아인이다. 모든 연구실은 다들 편하게 연구에 집중할 수 있도록 매우 조용하고 차분하다. 우리는 서로에 대한 배려를 아끼지 않는다. 그럼에도 하루에 몇 번은 전화기가 울리거나, 누가 무언가를 찾으러 연구실에 들어오거나, 연달아 밖으로 나갔다 들어오거나, 모두에게 전달 사항을 이야기하거나, 아니면 날

씨나 점심 메뉴에 관해 잡담을 나누는 일이 반드시 생긴다.

이런 상황에서 나는 이따금 주변 소음을 무시하고 집중하는 것이 힘들었다. 마렌이 복사한 자료를 내 책상 위에 갖다주고 가는 것조차 방해가 될 때가 있었다. 그럴 때면 흩어진 주의력을 다시 일로 돌리기가 쉽지 않았다. 방금 하고 있던 일의 흐름을 놓치고 산만해질 때도 많았다. 나는 여러 가지 일을 동시에 할 수가 없었다.

주변의 소음을 차단하는 인지 통제

막스플랑크 연구소가 한 연구실을 이렇게 여러 명이 나누어 쓰게 하는 것은 재정 문제 때문이 아니다. 그 사실은 분명하다. 이곳 연구실은 1인용 연구실 여러 개로 나눠 써도 될 만큼 널찍하지만, 그럼에도 굳이 여러 명이 한 연구실을 같이 쓰게 하는 것은 과학자들을 고립시키지 않기 위해서인 듯하다. 사실 이런 형태의 연구 시설에서는 연구원들이 고독해질 위험이 크다. 그들의 작업은 대개 타인과의 접촉 없이 책상 위에서 이루어진다. 자료를 평가하고 조사하는 일은 물론이고 논문을 쓰는 것도 항상 연구원 혼자 한다. 게다가 연구원 대부분이 외국에서 온 사람들이고, 심지어 바다 건너에서 온 사람도 많다. 주로 박사 과정을 밟고 있거나 박사학위를 마친 후 경력을 쌓기 위해 온 박사후연구원들이다. 그러다 보니 가까운 거리에 가족이나 친구가 있을 리 없다. 또한 우리는 대부분 연구소 측과 몇 년 단위로 한시적 계약을 맺기에 항상 다른 연구소를 찾아 떠돌아다닌다. 그렇다면 내 동료들도 나처럼 집중하는 데 어려움을 겪을까? 그렇지는 않은 듯하다. 그럼 왜 나만 유독 그런 것일까?

우리 모두에겐 보통 여러 가지 일을 동시에 처리할 능력이 있다. 그렇다면 나는 마렌이 점심 식사를 마치고 들어오고, 에우게니오가 연구실을 나가고, 건물 앞 도로에서 차가 빵빵거리는 것을 의식하면서도 이런 일이 내게 중요하지 않음을 문제없이 인지할 수 있어야 한다. 그리고 이 모든 일이 일어나는 중에도 컴퓨터로 글을 작성할 수 있어야 한다. 이때 멀티태스킹은 여러 갈래의 정보를 동시에 처리하면서 목표에 대한 우선순위를 매길 수 있는 능력이다. 그래야 주변의 이런저런 소음이나 방해 때문에 정말 중요한 일이나 계획이 방해받지 않는다. 그런 멀티태스킹을 위해 우리 앞뇌에는 인지적 통제[1](일명 실행 기능이라고도 한다)라 불리는 정말 환상적인 메커니즘이 장착되어 있다.

우리가 어떤 목표에 도달하고자 할 경우 인지적 통제 능력은 목표 달성에 중요한 정보와 그렇지 않은 정보를 선별한다. 좋은 예가 바로 운전이다. 우리가 차를 운전해서 직장에서 집으로 가려고 하는데, 가는 길에 우유를 사야 한다고 상상해 보자. 운전하는 동안 우리는 여러 가지 일을 동시에 수행한다. 페달을 밟고, 핸들을 돌리고, 전방을 주시하고, 백미러와 사이드미러로 도로 상황, 예를 들어 다른 차들이 내 차를 추월하려고 하는지 살피고는 다시 전방으로 시선을 돌린다. 경우에 따라서는 도로변에 서 있는 자동차나, 인도에서 산책하는 개와 보행자도 인지한다. 우리가 목표에 도달하기까지, 즉 운전해서 집에 도착하기까지 우리 뇌는 이런 여러 상황과 행위를 인지하면서 우선순위를 정한다. 그러므로 만일 인도에서 산책하던 개가 평소에 내가 아주 좋아하는 희귀한 품종의 개일지라도 나는 그 개를 오래 보지 않을 것이다. 운전이 우선이기 때문이다. 그렇기 때문에 전방을 주시하고, 내 앞뒤와 옆에서 함께 운전하는 다른 차들에서 눈을 떼지 않는다. 이처럼 우리 뇌는 지금 이 순간 정해진 목표 달성에 중요한 정보만을 선택하고, 나머지는 무시한다. 인도를 걷는 개와 유별난 색깔의 차를 포함해서 말이다. 그런데 인지 통제는 운전과 관련된 작업 기억 속에 추가 정보도 함께 기억하고 있다.[2,3] 우리의 행동에 중요한 정보, 그러니까 도중에 슈퍼에 들러 우유를 사야 하고, 슈퍼는 7시 반에 문을 닫는다는 정보다. 이처럼 인지 통제가 잘 돌아가면 우리는 무사히 목표를 달성할 수 있다. 즉 사고 없이 일터에서 집으로 퇴근하고, 내일 아침에 마실 우유를 살 수 있는 것이다.

무엇을 무시하고 어디에 집중할 것인가

  인지 통제는 앞뇌의 여러 네트워크로 구성되어 있다. 첫 번째 네트워크는 중요하지 않은 정보를 무시하고, 중요한 활동에 주의력을 집중하는 일을 담당한다. 두 번째 네트워크는 작업 기억, 즉 우리가 어떤 과제를 올바르게 처리하기 위해 머릿속에 짧게 간직하는 기억을 가리킨다. 그리고 세 번째 네트워크는 유연한 사고와 관련이 있다. 예를 들어 우리가 운전을 할 때 어떤 도로가 차단된 것을 보고 순간적으로 우회로를 떠올리는 경우다.[4]

  이제 이 세 가지 네트워크를 내가 연구실에서 겪는 문제와 연결시켜 보자. 타인의 목소리를 비롯해 다른 소음을 무시하는 것이 지독하게 힘들었던 문제 말이다. 이를 위해 일단 첫 번째 네트워크, 즉 선택적 주의력 영역에 속하는 '억제 조절' 기능을 좀 더 정밀히 들여다볼 필요가 있다. 이 네트워크는 최소 두 개의 뇌 영역으로 이루어져 있다. 그중 첫 번째 영역은 바로 전두엽 하부에 위치한 하측 전두 접합부IFJ[5]이다. 몇 개의 브로트만 영역(BA 47, 45, 44)이 여기서 교차한다. 이 접합부는 우리 목표에 중요한 자극을 인지하고[6] 이 자극들을 중요도에 따라 배열한다.

이런 상상을 해 보자. 우리가 운전 중에 막 초록불로 바뀐 신호등 앞에 멈추어 서 있는데, 이때 한 보행자가 뒤늦게 횡단보도를 바삐 건너간다. 우리는 신호등이 녹색으로 바뀌었기 때문에 바로 출발할 수 있다. 하지만 앞에는 아직 횡단보도를 건너지 않은 보행자가 있다. 이때 우리의 하측 전두 접합부는 이미 우선순위를 정해 두고 있다. 우리가 가속 페달 위에 발을 올려 놓고 있지만, 그럼에도 보행자의 안전이 출발보다 더 중요하다고 판단하는 것이다.

하지만 우선순위를 정하는 것만으로는 충분치 않다. 보행자가 더 중요하다는 것을 알면서도 우리가 차를 출발시킬 수 있기 때문이다. 따라서 이런 행위에 대한 통제력이 추가로 필요하다. 여기에 관여하는 것이 두 번째 뇌 영역, 즉 복외측전전두피질

VLPF이다. 이것은 운동 행위를 조절하여 벌써 움직일 준비를 하고 있는 우리의 손발을 제지하거나, 우리의 행위가 목표 달성에 필요하지 않을 경우 아예 차단해 버리는 역할을 한다.[6] 이로써 '출발' 행위는 중단되고 잠시 '정차' 행위로 대체된다. 그러다 보행자가 안전하게 건너고 나면 우선순위는 바로 원래 계획된 행위로 전환되고, 우리는 출발한다. 단 신호등이 아직 초록불이라면 말이다. 그사이 신호등이 빨간불로 바뀌었다면 인지 통제가 재차 작동한다.

움직일수록 머릿속이 맑아지는 이유

이제 분명해졌다. 우리가 삶을 제대로 꾸려나가는 데엔 인지 통제 능력이 우리의 기억력 못지않게 중요하다. 그렇다면 이런 궁금증이 들지 모른다. 조깅이나 자전거 같은 운동은 인지 통제에 얼마나 좋을까? 운동을 하는 동안 우리 뇌에선 어떤 일이 벌어질까?

프랑스 니스 대학의 과학자들이 이 문제를 연구했다.[7] 그들은 22명의 피험자들에게 약 60퍼센트의 폐활량으로 실내 자전거[9]

를 타게 했다. 다만 정확히 몇 분을 탈지는 알려주지 않았다. 피험자들은 운동 시간이 최소 10분에서 최대 60분이 될 거라는 정보는 받았지만, 자전거에서 내려오게 될 정확한 시점은 알지 못했다. 그러다 보니 다들 "자기 역량"에 맞게 출발했다. 사람마다 역량은 각각 다르다. 이는 평소의 훈련 정도, 건강과 체력 상태, 나이, 그리고 유전적 소인에 달려 있었다. 가령 내 경우에는 알루미늄 산악자전거에다 필요한 장비를 전부 챙긴 다음 적당히 완만한 길을 시속 15킬로미터로 달리는 정도가 적당하다. 물론 여러분의 역량은 또 각자 다를 것이다.

니스 대학의 연구자들은 이 운동이 앞서 언급한 앞뇌의 그 영역, 그러니까 멀티태스킹을 조종하는 영역에 어떤 영향을 끼치는지 알고 싶었다. 그중에서도 주의력과 가장 관계가 깊은 오른쪽 배외측전전두피질이 어떤 영향을 받는지 궁금했다. 그러려면 자전거를 타고 달리는 있는 뇌를 들여다보아야했다. 이를 위해 연구자들은 근적외선 분광법NIRS을 이용했다. 이 방법은 fMRI와 비슷하게 혈류를 통해 산소 함량을 측정한다. 다만 차이가 있다면 기구에 들어가 가만히 누워 있어야 하는(그래야 결과가 더 정확하다) MRI와는 달리, 근적외선 분광기는 인간이 움직이는 동안에도 사용할 수 있다. 또한 비교적 간단한 장치, 즉 광학 센서가 부착된 헤드 밴드만 있으면 된다. 이 밴드의 경우, 납작한 나사와 비슷하게 생긴 센서가 여러 개 붙어 있다. 이 센서의 절반을 차지하는 빨간색 부분에서 피험자의 대뇌피질 속으로 적외선을 쏘아 보내면, 대뇌피질을 돌아다닌 후 다시 외부로 나오기 위해 휘어진 적외선을 센서의 나머지 절반인 파란색 부분이 흡수한다. 실제로 적외선은 머리카락, 두피, 두개골, 뇌막, 뇌척수액을 지나 대뇌피질까지 뚫고 들어간 다음 다시 밖으로 나온다. 이때 근적외선 분광법의 토대를 이루는 원리는 바로 빛의 굴절이다. 만일 뉴런이 어떤 지점에서 부지런히 일을 하면 더 많은 산소가 필요해진다. 그리고 적외선은 산소가 풍부한 혈액과 부족한 혈액에 부딪힐 때 다르게 굴절한다. 따라서 적외선을 흡수한 파란색 센서에 기록된 빛의 굴절도를 보면, 대뇌피질에서 어떤 영역이 특히 활발하게 움직이는지 알 수 있다.

니스 대학의 과학자들은 실내 자전거 실험을 통해 육체적 활동을 지속하기 위해 필요한 정신적 노력이 자전거를 타는 동안 뇌에서 시각적으로 나타날 것이라 기대했다. 그렇게 나타나는 부분이 멀티태스킹을 담당하는 영역에 해당한다고 본 것이다. 어떤 논리일까? 하루 날을 잡아 동료들과 함께 도나우 강을 따라 자전거로 달린다고 생각해 보자. 오스트리아 빈에서 출발해

멜크 시까지 가서 아름다운 베네딕트 수도원을 보고 오는 것이 목표다. 총 거리는 80킬로미터다. 자전거로 거기까지 가려면 몇 시간이 걸리고, 수십 킬로미터를 달리려면 무리하지 않고 자기 페이스를 유지해야 한다. 이런 점을 고려한 상태에서 우리는 속도 유지에 우리의 사고와 행동을 집중한다. 이게 바로 우리가 스포츠를 할 때 경험하는 "정신적 노력"이다. 그러려면 다른 생각이나 지각知覺은 모두 나중 일로 제쳐두어야 한다. 예를 들면 다음 주까지 끝내야 할 회사 업무라든지, 지금 입은 바지가 낀다든지, 전날의 근육통이 느껴진다든지, 아니면 엉덩이가 배긴다는 생각 같은 것들 말이다. 우리는 이 모든 것을 차단한 채 오직 멜크를 향해 페달을 밟는다. 그게 우리의 주요한 목표다. 그러다 보면 어느 순간부터는 이 차단 상태까지 인지하면서 주변 세계로 눈을 돌리기 시작한다. 푸른 도나우 강변의 경치에 감탄하고, 강물이 흐르는 소리를 들으며 도로변의 나뭇잎 향기를 맡는 식이다.

니스 대학의 연구진은 실제로 피험자들에게서 이러한 '차단' 상태를 확인했다. 언제 이 육체적 노고가 끝나는지 모르는 상태에서 실내 자전거를 타는 것은 우리의 인지 통제를 담당하는 전전두피질의 일을 줄여 준다. 이로써 차단은 정신적 부담을 덜어 주는 동시에 멀티태스킹을 담당하는 영역을 휴식으로 이끈다. 그렇다면 증명된 바와 같이 운동은 우리의 머리를 다시 비우는 역할을 하는 셈이다.

그러나 사실 운동의 효과는 비단 여기에 그치지 않는다. 여러분도 경험했을 테지만, 자전거를 타거나 조깅을 할 때 좋은 아이디어가 떠오르는 일이 있다. 가끔은 오랫동안 골머리를 싸맸던 일에 대한 해결책이 불쑥 떠오르기도 한다. 여러분의 주관적인 느낌은 틀리지 않다. 사람은 운동 중에 더 창의적인 상태가 되는 것이다. 그에 대한 이유를 프랑스 니스 과학자들이 밝혀냈다. 산소 함량이 높은 대뇌피질의 혈액을 조사해 보니, 멀티태스킹을 위한 네트워크가 차단되는 대신 휴식 네트워크(전문 용어로는 디폴트 모드 네트워크Default Mode Network라고 한다)[8]가 작동된 것이다. 이 네트워크는 해마와 강력하게 연결된 대뇌피질의 여러 영역으로 이루어져 있는데, 그 이름이 말해 주듯 우리가 '아무것도 하지 않을' 때, 뇌가 활동을 멈출 때, 혹은 단순히 우리의 존재만 느끼고 '아무것도' 의도적으로 생각하지 않을 때, 속된 말로 멍 때리고 있을 때 켜진다. 일반적인 예상과는 달리 휴식 모드일 때는 그 네트워크를 이루는 모든 영역이 고도로 활성화될 뿐 아니라 각각의 영역들 사이에 활발한 정보 교환이 이루어진다. 우리가 전혀 생각하고 있지 않던 무언가가 불쑥 떠오르거나, 어떤 문제에 대한 더 나은 해결책이 갑자기 떠오르는 것도 그 때문이다. 휴식 모드에 들어간 해마는 우리가 그전까지 인지하지 못하고 있던 기억들, 달리 표현하자면 해마 안에 '숨겨져 있던' 기억의 여러 조각을 내보낸다. 니스 대학 연구팀의 연구 결과가 참으로 놀랍지 않은가!

내가 이 책을 쓰겠다는 생각을 언제 했는지 벌써 알 것 같지 않은가? 그렇다, 자전거를 타면서 했다. 지난여름 나는 혼자 엿새 동안 내가 사는 오스트리아 벨스에서 이탈리아 트리에스테로 자전거 트래킹을 떠났다. 잘츠부르크, 바트가슈타인, 파커 호수, 우디네, 그리고 아퀼레이아를 거치는 여정이었다. 하루 9~10시간을 달리는 긴 여정 중 내 머릿속에는 오직 힘차게 페달을 밟아야 한다는 생각 하나밖에 없었다. 산에서 불어오는 상큼한 바람이 깃털처럼 부드럽게 내 팔을 휘감았고, 초원의 건초 냄새가 코끝을 간질였으며, 어디선가 들려오는 산 속 예배당 종소리가 멀리서부터 나를 동행했다. 논문이나 실험, 회의 같은 건 전혀 생각나지 않았다. 내 다리는 오직 매 시간 나를 목표 지점으로 점점 가깝게 데려갈 뿐이었다. 그러던 어느 순간 이 책을 써야겠다는 생각이 책의 구체적인 내용과 함께 떠올랐다. 이런 자전거 여행길에서 더 많은 사람을 만나길 바라고, 오직 자신의 다리 힘만으로 원하는 곳에 갈 수 있는 것에 행복해하고, 더불어 자신의 뇌가 그를 통해 건강해지는 것에 고마워하는 사람들이 늘어나길 기대하면서 말이다.

그렇다면 나는 왜 이런 자전거 여행을 할 생각을 하게 되었을까? 몸을 직접 움직이는 여행을 하며 휴가를 보낸 지도 어언 10년이 지났다. 모두 내 뇌를 위한 일이었다. 한번은 혼자서 알프스를 횡단할 계획을 세웠다. 꼭 필요한 물건만 챙겼는데도 짐이 많았지만, 내 다리 힘을 믿었다. 결론적으로 말해서 환상적인 여행이었다. 물론 알프스라는 이름에 걸맞게 힘들기는 했다. 게다가 일부 구간은 정말 호락호락하지 않았다. 파커 호수에서 우디네 주변의 한적한 지역으로 가는 길이 그랬다. 135킬로미터에 이르는 긴 여정이었는데, 하루에 거의 1천 미터를 올라야 했다.

그럼에도 이 자전거 여행은 즐거웠다. 먼 거리를 정복하고, 숲과 초원을 지나고, 강과 호수를 따라 달리다 고대 기독교 교회와 예술 도시를 거쳐 바다에 이르고, 거기서 다시 그라도 석호를 지나 마침내 미라마레 성에서 잠시 쉰 뒤 고대 도시 트리에스테의 품에 안기는 이 여정은 그 자체로 즐거움이었다. 목적지가 몇 킬로미터 남지 않은 상태에서 바람을 맞으며 트리에스테의 해안 도로를 내려갈 때는 지나가는 모든 사람을 껴안아 주고 싶을 정도로 희열감이 차올랐다. 내 페이스북에 가면 그때 느낀 감동과 수많은 인상이 고스란히 적혀 있다(2017년 8월 13일 이후의 포스팅). 나는 이 환상적인 체험과 이 책에 담긴 모든 지식을 혼자만 간직하고 싶지 않았다. 내가 본 것과 느낀 것, 그리고 운동의 기쁨을 많은 사람과 나누고 싶었다. 너무 고마워서 말이다.

수면 부족이 집중력에 끼치는 영향

라이프치히 연구실에서 나는 멀티태스킹에 어려움을 겪었다. 이와 관련된 메커니즘에 장애가 발생했기 때문이다. 왜 그런 일이 생겼을까? 나의 경우 답은 분명했다. 잠을 너무 못 잤기 때문이다.[9] 당시 많은 생각과 걱정이 내게서 잠을 앗아 갔다. 나를 잠들지 못하게 한 그 걱정들은 사실 그렇게 걱정할 만한 이유가 없었다. 몇 날 며칠을 뜬눈으로 지새운다고 해서 아직 작성하지 못한 MRI의 프로그램이나, 아직 마땅한 논거가 떠오르지 않는

X선 주제에 대한 반박 논거를 찾을 수 있겠는가? 그럼에도 이 생각들은 밤중에 떠올라 나의 잠을 방해했다. 나는 번번이 자다가 깼고, 한 번 깨고 나면 더는 잠들지 못했다. 심지어 밤새 한숨도 자지 못할 때도 있었다. 그런 날이면 다섯 시나 여섯 시쯤 연구실로 향했다. 잠이 오지 않는데 침대에서 뒹굴기만 하는 건 의미가 없다고 생각한 것이다. 그렇게 이른 시간에 연구소에 가면 나는 우리 구역을 청소하고 다른 구역으로 이동하는 건물 청소부들을 만나곤 했다. 청소부들은 마냥 즐겁게 웃으며 대화를 나누었고, 나를 보고도 반갑게 인사했다. 그럴 때마다 이런 생각이 들었다. 아, 내가 저들이라면 오늘 밤엔 편하게 잠들 수 있을 텐데!

수면 부족이 우리의 인지 능력에 주는 부정적 영향은 무수히 많은데,[10] 그중엔 인지 통제 능력의 손상도 포함된다.[11] 연구자들은 인간을 대상으로 한 여러 실험에서 피험자들을 하루 또는 며칠 밤 동안 수면실에 깨어 있는 상태로 누워 있게 했다. 그런 다음 정신적 작업 전환 능력을 시험하는 몇몇 테스트를 했다.[12-14] 그중 하나가 발명자 존 스트루프John Stroop의 이름을 딴 스트루프 검사[15]다. 여러 형태로 진행되는 이 테스트는 정보 처리 과정의 분열을 다룬다. 우선 다양한 색깔의 이름이 주어진다. 파랑, 노랑, 검정처럼 말이다. 그런데 이 이름들은 그 이름과 불일치하는 색깔로 적혀 있다. 가령 파랑은 검은색으로, 초록은 노란색으로 적는 식이다. 이때 피험자는 단어 자체를 말하는 것이 아니라 단어의 색깔을 말해야 한다. 예를 들어 아래와 같은 문제가 출제되었다고 한다면 당신은 분홍, 검정, 회색이 아니라 회색, 분홍, 검정이라고 말해야 한다.

분홍 검정 회색

우리의 인지 통제는 이 과제를 어떻게 수행할까? 과제의 목표는 글자의 색깔을 말하는 것이다. 그런데 우리는 평소에 글자를 읽는 버릇이 있기에 일단 글자를 읽으려는 충동을 억누른 뒤 색깔을 말해야 한다. 그러려면 우리의 주의력이 글자 읽기에서 색깔 말하기라는 작업으로 순조롭게 전환되어야 한다. 그런데 어떤 때는 글자와 색깔이 일치하는 경우도 있다. 그러면 한 단계 높은 전환 능력이 필요하다. 기존의 불일치 조건을 다시 일치 조건으로 전환하는 과정을 거쳐야 하는 것이다. 스트루프 검사에서 처음 몇 개까지는 제대로 답하기가 어렵지 않다. 그런데 검사 시간이 길어질수록 정답을 말하기가 힘들어진다. 일정 시간이 지나면 답을 말하는 시간이 점점 길어지거나, 아니면 주의력을 잃고 틀리게 대답하고 만다. 이렇게 주의력이 흐트러지는 현상은 피험자의 잠이 부족할수록 더욱 빈번하게 나타난다. 세 사람이 쓰는 연구실에서 여러 소음을 차단해야 하는 경우에도 마찬가지다.

　나는 당시에 이미 수면 부족이 나의 인지 통제를 해친다는 것을 알고 있었다. 그럼에도 몇 가지 이유에서 수면제는 복용하지 않았다. 그저 다음날엔 분명 상태가 좋아질 거라고만 믿었다. 하지만 아쉽게도 그런 일은 드물었다. 요가도 해 보고, 숙면에 도움이 된다는 음악도 들어 보았지만 소용없었다. 코시 호수까지 자전거를 타고 다녀오고 나서야 비로소 잠이 오기 시작했다. 거기다 규칙적으로 달리기까지 하자 수면 상태는 더 좋아졌다. 그런 날 저녁이면 대개 파김치가 되어 침대에 눕자마자 곯아떨어졌다. 그렇게 몇 달이 지나자 저절로 잠이 왔다. 체나오위M. Chennaoui의 연구 보고서가 증명하듯이 말이다.[16] 잠이 잘 오기 시작하면서 내 인지 기능도 눈에 띄게 좋아졌고,[17] 언제부턴가 해마뿐 아니라 인지 통제 기능에 대해서도 많은 것을 체감하게 되었다. 결론적으로 라이프치히에 머물렀던 그 시기가 내게는 이 책을 쓸 토대가 되었다.

홍미로운 것은 대부분의 수면 연구가 사람이 아닌 동물을 대상으로 이루어졌다는 점이다. 사람에게는 수면에 영향을 주는 삶의 요인이 너무 많기 때문이다. 그래서 수면 실험에 적합한 동질 집단을 찾는 것은 무척 어렵다. 우선 실험 참가자들은 대인관계, 직업, 건강, 가정, 이웃과의 관계 등에서 문제가 없어야 한다. 인간 피험자에게는 아무리 자잘한 생각도 실험이 실시되는 바로 그날 영향을 끼칠 수 있고, 그로써 실험 결과도 달라질 수 있다. 반면에 동물은 다르다. 동물은 모두 똑같은 조건에서 관리할 수 있다. 동일한 사회적 환경을 갖춘 동일한 우리에서 키울 수 있다는 말이다. 게다가 식사 시간이나 먹이 종류도 비슷하다. 그러다 보니 쥐를 이용한 실험은 명확한 결과를 보였다. 가령 과학자들이 밤중에 쥐들이 있는 우리를 흔든다든가, 소음이나 빛으로 깨우면 쥐들은 처음엔 수면 장애 증세를 보인다. 하지만 곧 쳇바퀴 운동으로 수면 장애를 극복하려 한다. 즉, 운동에 수면을 복구시키는 효과가 있는 것이다.[18] 내가 파커 호수에서 우디네 주변의 작은 마을까지 자전거로 무려 135킬로미터를 달리는 동안 불편한 잠자리에서도 매일 행복한 아기처럼 푹 잘 수 있었던 것도 당연히 운동 덕분이었다.

몰입하는 아이들의 특징

여러분의 자녀가 음악을 들으며 공부하는 것을 보고 음악이 집중을 방해할 거라는 생각에 잔소리를 하느라 아이들과 말다툼을 벌인 적이 있는가? 그런 적이 있다면 이제부터는 멀티태스킹에 관한 당신의 경험과 아이들의 경험이 다를 수도 있다는 점을 잊지 말기 바란다. 여러분의 자녀들은 좀 더 높은 수준의 주의력이 필요한 수학 문제를 풀 때면 여러분보다 더 쉽게 음악소리를 무시할 수 있으니까 말이다. 인지 통제 능력은 어릴 때 '자라기' 시작해서 10대 때 절정에 이른[19] 뒤 어른이 되면서 차츰 성능이 떨어지는 우리 뇌의 메커니즘이다. 이 때문에 청소년들은 이렇게 주장할 수 있다. 자신들은 텔레비전을 보면서도 숙제를 하고, 메신저로 문자를 보내고, 거기다 페이스북까지 열어서 확인할 수 있는 멀티태스킹의 선수라고 말이다. 물론 10대들에게도 당연히 멀티태스킹을 할 수 있는 용량의 한계가 존재한다. 그렇다면 언젠가는 다른 '더 중요한' 일들을 하면서 숙제를 하는 일은 없어질 것이다.

고도의 멀티태스킹 능력이 있는 10대 아이들에게도 규칙적인 운동은 인지 통제에 긍정적인 영향을 끼친다. 울름 대학의 마르

쿠스 키퍼Markus Kiefer 연구팀은 운동을 좋아하는 14세 청소년들이 운동을 하지 않는 또래 아이들보다 인지 통제 능력이 더 좋은지, 그리고 이것이 강도 높은 일회성 훈련을 통해서도 단시간에 바뀔 수 있는지 조사했다.[20] 실험에 참가한 남녀 청소년 35명은 일단 여러 가지 테스트를 거친 뒤 육체적 건강 상태를 검사받았다. 그 결과 이들은 두 집단으로 나뉘었다. 한 집단의 건강은 평균이었고, 다른 집단은 건강 상태가 평균보다 좋았다. 청소년들은 플랭커 테스트Flanker-Test, 즉 수반 자극 테스트를 받았다.[15] 이 테스트 역시 스트루프 테스트와 비슷하게 인지 기능, 그중에서도 불일치 자극을 식별하는 능력과 주의력을 검사하는 방법이다.

$$\rightarrow \rightarrow \rightarrow \rightarrow \rightarrow$$
$$\rightarrow \rightarrow \rightarrow \rightarrow \rightarrow$$
$$\rightarrow \rightarrow \leftarrow \rightarrow \rightarrow$$
$$\rightarrow \rightarrow \rightarrow \rightarrow \rightarrow$$
$$\rightarrow \rightarrow \rightarrow \rightarrow \rightarrow$$

플랭커 테스트
가능한 한 빨리 중앙에 있는 화살표 방향을 식별하는 것이 과제다.

테스트를 마친 뒤 피험자들은 러닝머신 위에서 60퍼센트의 폐활량으로 20분 정도 강도 높은 운동을 했다. 이는 대부분이 숨을 헐떡거리기 시작하는 운동량이었다. 짧은 휴식 뒤 청소년들은 다시 플랭커 테스트를 받았다. 과학자들은 운동을 좀 더 많이 하는 청소년들이 더 좋은 결과를 보인 것을 확인했다. 아울러 20분 정도의 강도 높은 일회성 운동으로는 두 집단 모두 플랭커 테스트 결과에 영향을 받지 않은 것으로 나타났다.

실험 참가자들은 두 번째 플랭커 테스트를 받는 동안 머리에 전극이 달린 장치를 부착했다. 이 장치는 뇌 속에서 일어나는 전기적 변화를 뇌파 측정으로 알아보는 데 사용된다. 이때에는 '사건 관련 전위' 방식을 사용하는데, 이 방식을 사용하면 우리가 경험하는 사건들에 뇌가 어떻게 반응하는지 알 수 있다. 만일 외부 세계에서 어떤 자극이 들어오면 뇌는 1,000분의 1초 안에 그 사건으로 촉발된 특별한 전기 반응을 보인다. 이런 반응이 나타나는 이유는 반응을 위해 미리 준비되어 있던 지점의 뉴런이 협응 방식으로 자극을 처리하면서 갑자기 전기 신호로 전환되기 때문이다. 그래서 전극이 머리에 부착되어 있으면 뉴런의 변화를 증폭기로 '엿듣고' 기록할 수 있고, 그 결과물로 나오는 것이 뇌파도, 즉 뇌파 그래프이다.

그렇다면 두 피험자 집단의 뇌는 서로 다른 반응을 보였을까? 그랬다. 운동을 하는 아이들은 실제로 뇌파 수치 면에서 운동을 하지 않는 아이들에 비해 결과가 좋았다. 그 말은 곧 주어진 과제들에 좀 더 효율적으로 대처하고, 음악을 들으며 공부할 때처럼 중요하지 않은 자극을 좀 더 능동적으로 차단하며, 거기다 주의력까지 높다는 것을 가리킨다. 하지만 그 이유는 마르쿠스 키퍼 연구팀이 2009년에 발표한 논문에도 나오지 않는다. 이는 최근에야 캐나다의 다른 연구팀에 의해 밝혀졌다. 운동이 인지 통제를 담당하는 뉴런의 민감도를 상승시키고, 이로 인해 뉴런이 더 빨리, 더 효과적으로 반응하기 때문이라는 사실이 드러난 것이다.[21]

여러분은 가끔 왜 학교에서 체육 시간이 점점 줄어드는지, 그리고 교육 당국은 왜 매일 고작 한 시간 운동하는 것을 두고 그렇게 끝없이 논쟁만 벌이는지 궁금했을 것이다. 이는 우리 몸의 다른 부위들도 그렇지만 뇌와 뇌 기능에 대해 우리가 아는 것이 아직 너무 적기 때문이다. 그러다 보니 서로 다른 의견만 난무하고 있다. 그나마 다행인 것은 올바른 의견이 주도권을 잡아 가고 있다는 사실이다. 만약 잘못된 의견이 대세를 장악했다면 정말 끔찍한 상황이 벌어졌을 것이다. 학교가 아이들에게 많이 움직이고, 운동하고, 이를 통해 정신적인 건강을 돌볼 기회를 충분히 제공하고 있지 않다면 이제 우리라도 적극적으로 나서야 한다. 아이들과 함께 운동을 시작하는 것이다. 원래 늦었다고 생각할 때가 가장 빠른 법이다!

나이 든 뇌의 시계를 되돌리는 법

가끔 보면 세간에 뇌에 대한 오해 하나가 널리 퍼져 있는 듯하다. 인간이 늙으면 뇌도 자연스레 치매성 뇌로 바뀐다고 생각하는 사람이 많은 것이다. 물론 나이가 들면 대부분의 사람은 정신적 능력이 떨어지게 된다. 이는 사실이다. 하지만 이를 모든 노인이 치매를 앓는다는 식으로 바로 연결해서 해석해서는 안 된다. 나이가 들면 그냥 기억력이 떨어지는 것뿐이다. 게다가 여전히 탁월한 기능을 하는 "늙은" 뇌도 존재한다. 과학자 중에도 그런 사람이 더러 있다. 여든이 훌쩍 넘은 나이에도 컨퍼런스에 참여하러 세계 각지에서 찾아오는 과학자를 비롯해, 여전히 제자들의 멘토이자 조언자이며 심지어 공저자로서 활동하는 사람들이 그렇다.

나이가 들면 인지 통제가 약화되는 것은 사실이다.[22] 우리가 이 장에서 살펴본 뇌의 전전두영역을 비롯해 앞쪽 대상회帶狀回[23]는 젊을 때보다 기능이 원활하지 않은 데다, 심지어 쪼그라든다. 당사자는 이것을 인지하지 못할 때가 많지만, 도로에 나가 보면 노인들의 뇌 기능 저하를 쉽게 확인할 수 있다. 예를 들어 최고 시속 130킬로미터로 달릴 수 있는 고속도로에서 줄기차게 시속 80킬로미터로만 달리는 고령 운전자가 그렇다. 물론 이 운전자 입장에서는 나름대로 사력을 다하고 있다. A지점에서 B지점까지 무사히 도착해야 한다는 목표를 이루고자 자신의 인지적 자원을 총동원해서 운전하고 있는 것이다. 젊은이들은 인지 기능을 빠르게 전환시키며 도로 상황을 총체적으로 주시할 수 있지만, 고령 운전자는 중요한 정보를 선별해서 기억하고, 중요하지 않은 정보를 차단하는 데 어려움을 겪는다.[24] 이는 단순히 시야가 좁아서 그런 것은 아니다. 그렇다면 운전 면허증을 갱신할 때 시력만 측정하는 것은 충분치 않을 듯하다. 일부 운전자들은 느리게 가는 운전자를 참지 못하고 경적을 울리거나 위험하게 추월함으로써 본때를 보여주려 하지만, 그런 공격적인 대응으로는 상황이 바뀌지 않는다. 아니, 오히려 반대다. 그런 행동은 모두를 위험에 빠뜨린다.

노화로 인지적 통제력이 떨어진 사람도 운동으로 인지 기능의 전환 능력을 개선할 수 있다. 이런 인식은 이미 1990년대 말부터 있었다.[25] 크래머A. F. Kramer연구팀은 60~75세 피험자 124명에게 운동을 시켰다. 절반은 6개월 동안 유산소 걷기 운동을 했고, 나머지 절반은 스트레칭과 근력을 키우는 운동을 했다. 실험 시작 전에는 먼저 피험자들의 인지 능력을 측정했다. 그중에는 인지 기능의 전환 능력도 포함되어 있었다. 6개월의 실험 기간이 끝난 뒤 과학자들은 같은 측정을 반복했다. 모든 참가자들이 운동 전보다 나은 결과를 보였지만, 유산소 걷기를 한 그룹의 인지 능력이 훨씬 더 좋게 나타났다. 정리하자면 자연스런 운동, 즉 유산소 걷기가 인지적 통제력의 개선에 도움이 된다.

몸이 멈추면 뇌는 녹슨다

논문 열아홉 편의 내용을 종합적으로 요약하고 분석한 한 논문[26]이 최근에 발표되었다. 이 논문은 나이가 많은 사람들을 대상으로 운동이 운동 능력에 미치는 영향(사실 이건 당연하다)을 포함해 운동과 인지 능력 사이의 연관성까지 명백하게 증명했다.

게다가 운동을 하면서 정신적 훈련을 병행하는 것이 인지 능력 상승에 가장 좋다는 결과까지 덧붙여 내놓았다. 그렇다면 앞서 살펴본 혈관 생성과 신경 생성, 시냅스 생성[27,28]을 촉진하려면 운동 하나만으로는 부족하다는 결론이 나온다. 운동은 전전두 영역의 회색질 세포[29] 및 백색질[30]을 빽빽하게 생성시키지만, 이 새로운 세포들이 우리 뇌에서 계속 살아남아 인지 기능을 수행할 수 있으려면 우리가 세포들에게 일을 시켜야 한다. 일을 시키지 않으면 이들은 몇 주 안에 죽고 만다. 결국 인지 통제 능력을 키우려면 우리는 정신적인 무언가를 해야 한다.

이에 적합한 정신 활동 중 하나가 외국어를 배우는 것이다.[31] 한 언어에서 다른 언어로 넘어가는 것은 인지 전환 능력을 훈련시킨다. 나이가 들면 약화되는 바로 그 영역 말이다. 만일 우리가 뇌세포 언어 학습 과제를 주면 뇌세포는 서로 소통하고, 활발하게 움직인다. 게다가 이렇게 높아진 활동성으로 인해 세포들의 수명도 연장된다. 이뿐만이 아니다. 외국어 학습은 모든 면에서 아주 훌륭한 노화 방지책 중 하나다. 단순히 다른 언어만 배우는 데 그치는 것이 아니라, 다른 나라와 사람들에 대해 흥미롭고 재미있는 것들을 경험하고, 자신의 인식의 지평을 넓히며, 또 남에게 기대지 않고 혼자 여행을 떠날 수 있기 때문이다.

혹시 여러분 방 한구석에 이제는 옷걸이 대용으로만 쓰는 실내 자전거가 처박혀 있지 않은가? 그렇다면 이제 진지하게 고민해 보라. 자전거를 거실로 옮겨 놓고 페달을 밟으면서 영어 단어를 외울 생각은 없는지 말이다. 내 동료 마렌도 그 생각에 착안해서 일반인들을 상대로 실험을 하기로 했다. 실내 자전거는 막스플랑크 연구소에서 마련해 주었다. 마렌의 연구에는 18~30세 남녀 105명이 참여했다.[32] 피험자들의 과제는 각각 다른 조건에서 30분 동안 헤드폰에서 흘러나오는 폴란드어 단어 80개를 독일어로 번역된 단어와 함께 외우는 것이었다. 피험자의 3분의 1은 "편안한Relax 그룹"으로 헤드폰을 낀 채 편안히 소파에 앉아 단어를 들었고, 두 번째 그룹은 먼저 30분 동안 실내 자전거를 탄 뒤에 단어를 들었다. 마지막 그룹은 직접 자전거를 타면서 단어를 들었다. 학습 시간이 끝난 뒤 피험자들은 필기시험을 쳤다. 한 언어의 단어를 다른 언어로 번역하는 시험이었다. 가장 좋은 성적을 거둔 것은 세 번째 그룹의 여성들, 그러니까 운동과 학습을 동시에 했던 여성들이었다. 그런데 왜 하필 여성들일까? 그에 대한 답은 마렌도 아직 찾지 못했다.

나중에 마렌은 프랑크푸르트 대학으로 자리를 옮겼고, 거기서 같은 주제로 한 차례 더 연구[33]를 진행했다. 이번에도 실험 내용은 폴란드어 단어 80개를 공부하는 것이었지만, 운동 도구만 자전거에서 러닝머신으로 바뀌었다. 피험자들은 러닝머신에서 30분 동안 걸으면서 단어 40개를 익혔다. 그리고 72시간 뒤에는 그냥 편하게 앉아서 나머지 40개의 단어를 학습했다. 역시 기대대로였다. 운동을 하면서 공부할 때 가장 훌륭한 학습 성과가 나타났다.

앞서 말했듯이 집에 옷걸이 용도로만 쓰는 실내 자전거나 먼지만 수북이 쌓인 러닝머신이 있다면, 이제는 정말 운동 기구를 다시 본연의 목적대로 쓸 시간이다. 페달을 밟으면서, 또는 달리면서 외국어를 배우고 싶지 않은가? 그렇게 하면 정말 예상치 않은 성과를 거둘 수 있을 뿐 아니라 당신의 뇌도 분명 이렇게 말할 것이다. "Thank you고마워!"

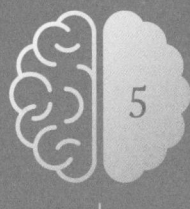

5

음식이
우리의 뇌를 만든다

좀 과장하자면 나는 10대 때 우리 집 살림을 거덜낼 정도로 많이 먹었다. 학교 점심시간에 집에 오면 부엌에는 어김없이 파스타 삶는 물이 끓고 있었다. 나는 일단 냉장고로 직행해서 에피타이저로 먹을 것이 없나 뒤졌다. 대개 프로슈토나 살라미처럼, 두어 시간 전에 정육점에서 사와서 맛있는 냄새를 풍기는 햄이 있었다. 그러면 나는 곧장 포장지를 뜯고 그중 절반을 먹어치웠다. 아마 50그램은 넘는 양이었을 것이다. 거기에 엄마가 준비해 놓은 토스트와 올리브 열매 몇 개, 절인 야채, 파프리카, 가지, 아티초크도 차례로 내 입으로 들어갔다. 그러고 나면 막 끓인 소스를 얹은 파스타나 리소토가 식탁으로 배달되었다. 수프가 나오는 경우는 드물었다. 우리 가족은 수프를 잘 안 먹었기 때문이다. 파스타를 먹고 나면 주 요리로 고기나 생선이 나왔다. 살짝 데친 다음 버터에 버무린 시금치나 신선한 샐러드가 곁들여 나왔다. 마지막에는 과일을 먹었다. 사과 하나와 오렌지 하나, 그리고 귤 몇 개를 집어먹었다. 정말이다. 사과나 오렌지나 귤 중에 하나를 먹은 것이 아니라 세 가지 과일을 다 먹어치웠다. 그 많은 음식들이 지금도 생생하게 떠오르다니 정말 놀랍다. 어쨌든 그렇게 먹고 나면 나는 포만감에 젖어 학교로 돌아갔다. 그리고 오후에 학교를 마치고 돌아와서는 차 한 잔에 달콤한 빵이나 쿠키를 또 먹었다. 그것도 한두 개가 아니라 여러 개를 말이다. 그러다 저녁이 되면 엄마는 점심과 다른 메뉴를 또 마법사처럼 만들어 내놓았다. 이번에도 양은 푸짐했다. 한마디로 나는 대식가였다.

운동이 뇌에 끼치는 영향을 다루겠다는 책에서 웬 음식 이야기냐며 의아해하는 독자들이 있을지도 모르겠다. 하지만 음식도 우리 뇌와 상당한 관련이 있다. 과체중은 대개 사람들을 운동으로부터 떼어놓는 중요한 요소일 뿐 아니라 뇌에 악영향을 끼침으로써 우리의 정신적 능력에도 해를 주기 때문이다. 모든 것은 서로 연결되어 있다.

왜 인간은 먹는 것을 사랑할까

 일단 진화적 측면에서 설명해 보자. 우리 종이 살아남기 위해 진화는 우리 몸 안에 즐거움의 메커니즘을 장착해 놓았다. 그래서 우리는 좋아하는 음식을 보거나, 냄새를 맡거나, 먹거나, 손에 넣으면 즐거움을 느낀다. 게다가 먹을 것을 마련하는 일과 관련된 일이라면 뭐든 즐겁게 수행한다. 우리는 흔쾌히 장을 보고, 요리하는 데 많은 시간을 쓰고, 아름다운 그릇으로 식탁을 차리는 일을 엄숙하게 거행하고, 식탁을 장식하고, 촛불을 켜고, 그런 다음 음식과 음료를 맛있게 먹고 마신다. 이 모든 행위는 우리에게 즐거움과 재미를 준다.
 종족 보존에 있어 음식만큼 중요한 다른 활동, 즉 짝짓기도 마찬가지다. 우리는 생물학적으로 번식할 수 있는 시기가 되면 밖으로 나가 사람들을 사귀고, 멋진 옷과 장신구, 화장품, 향수를 기쁜 마음으로 구입한다. 이런 행위는 모두 의식적으로건 무의식적으로건 이성을 유혹하는 데 초점이 맞추어져 있다. 그러니까 유전적으로 적합한 최상의 이성을 찾기 위한 노력이다. 이 모든 것의 핵심은 성관계다. 성관계도 과정이 즐거워야 한다. 그렇지 않으면 진화가 우리에게 부여한 사명을 완수할 수 없다. 따라서 인간의 삶에 정말 중요한 두 가지 일, 즉 음식과 성관계는 진화가 우리에게 준 고마운 선물이다. 그렇다면 즐거움과 재미의 감정은 어떻게 생길까?

우리 뇌의 깊숙한 곳에는 도파민 생산 본부가 숨어 있다. 흑질과 측좌핵, 복측피개 영역이라는 아주 어려운 이름이 붙은 영역이다. 이곳은 뉴런으로 이루어진 완두콩만 한 조직인데, 이곳의 뉴런에게는 특별 임무가 있다. 우리에게 즐거움과 재미를 느끼게 하는 신호 물질인 도파민을 분비하는 것이다. 도파민은 행동을 제어하는 뇌의 네트워크[1]인 '보상 체계'를 활성화하는 물질이다. 우리는 재미있어 보이고, 어떠한 보상이 주어질 것 같은 일이면 누가 시키지 않아도 자발적으로 그 일을 한다. 이는 동물, 특히 대형 동물을 길들이는 과정을 보면 쉽게 알 수 있다. 샌디에이고 수족관의 범고래는 정말로 내켜서 수조에서 뛰어오르고, 관객들에게 지느러미로 인사하는 것이 아니다. 그렇게 했을 때 보상이 주어질 거라는 기대가 있기에 그런 행동을 할 뿐이다. 협박과 강압으로는 절대 범고래를 움직일 수 없다. 범고래는 호루라기 소리에 따라 명령을 제대로 수행하면 조련사가 정어리 몇 마리를 던져 줄 것이라 기대한다. 이런 보상이 있기에 범고래는 관객에게 호응하고, 마지막에 멋진 쇼를 한다. 결국 미끼를 통해 도파민 생산 영역이 활성화되고, 보상 네트워크에 신호 물질을 보내야 즐거움과 동기가 생겨나는 것이다.

그렇다면 인간의 경우로 돌아가 보자. 도파민 생산 본부는 스스로 알아서 작동하지 않는다. 먹음직스런 음식이나 마음에 드는 이성을 본다고 해서 본부가 알아서 도파민을 생산하겠다는 판단을 내리지는 않는다. 본부는 일련의 과정을 거쳐, 우리의 오감으로부터 도파민을 분비하라는 지시를 받는다. 보상의 종류는 제각각인데, 어떤 것이 됐건 근본적인 동기로 작용한다. 문득 내 학창 시절이 떠오른다. 내가 공부를 열심히 한 건 선생님 때문이었다. 성적은 부차적인 문제였다. 나는 선생님에게 좋은 인상을 주고 싶었다. 선생님은 엄하면서도 유능하고 공정하신 분이었다. 그게 무척 존경스러웠고, 그런 선생님에게 칭찬을 받고 싶었다. 범고래가 조련사에게 그러듯이 말이다. 칭찬을 받는 건 나한테 좋은 보상이다. 그리고 우리는 음식도 일종의 보상으로 여긴다. 그렇다면 이 메커니즘은 어떻게 돌아갈까?

이제 우리 모두가 공감할 경험을 함께 살펴보자. 방금 빵집에서 사 온 갓 구운 롤빵을 맛있게 먹는 경험이다. 빵은 아직 따뜻하고, 바삭바삭하고, 고소한 냄새가 진동한다. 우리 뇌는 이 정보를 어떻게 처리할까? 우리는 이 빵을 왜 먹고 싶어 하며, 먹으면서 어떤 즐거움을 기대할까?

음식이 보상 네트워크를 만드는 과정

갓 구운 빵을 보면 우선 머리 뒤쪽에 위치한 시각 영역이 작동하기 시작한다. 시각 영역은 롤빵의 형태와 색깔, 무늬, 높이에 대한 정보를 가공하고 처리해 빵에 대한 표본을 뇌 속에 만들어 놓는다. 뉴런이 이해할 수 있는 언어로 말이다. 이 표본은 뇌 속에 이미 저장되어 있는 기존의 표본들과 대조되고, 그로써 눈앞의 롤빵이 직접 손으로 만든 롤빵임이 판명된다. 예를 들어 내가 어릴 적, 일요일이면 식탁의 빵 바구니에 담겨 있던 엄마가 손수 만든 롤빵과 똑같이 생겼으니 수제 롤빵이라 판단하는 것이다.

이런 시각적 정보는 곧 안와전두피질(안와는 눈구멍을 뜻한다)로 이동한다. 안와전두피질은 눈구멍 뒤에 위치한 뇌 영역인데, 여기서 아주 흥미로운 과정이 진행된다.[2] 그중 하나가 롤빵의 생김새에 대한 평가다. 그러니까 빵의 형태가 완벽하게 동글동글한지, 약간 삐뚜름한지, 혹은 빵의 표면을 보면서 갓 구워 낸 바삭바삭한 빵인지 아닌지를 판별하는 것이다. 이처럼 생김새만 보면 이 빵이 입맛을 당기게 하는지 아닌지는 금방 확인된다. 어째서일까? 맛있는 음식을 보는 것만으로도 우리의 입에는 침이 고인다. 실제로 이미지는 우리의 욕구에 정말 큰 역할을 한다. 안와전두피질이 대상에 대한 평가를 내리기 때문이다. 만일 빵 모양이 우리가 기대한 것이 아니고, 빵 표면이 벗겨져 있고, 거기다 색깔까지 칙칙하다면 안와전두피질은 이런 판단을 내릴 것이다.

'그래, 뭐 굳이 먹으라면 먹을 수는 있겠지만, 그러고 싶지는 않아. 이건 공장에서 대량으로 만든 빵이야.'

달리 말해서, 안와전두피질은 롤빵의 생김새만 평가하는 것이 아니라 그것을 먹었을 때 느끼게 될 맛과 즐거움, 보상 가능성에 대해서도 평가한다. 혹시 이런 경험을 한 적이 없는가? 보자마자 오감이 감동의 교향곡을 연주할 만큼 먹음직스러운 조각 케이크를 카페에서 주문했는데, 크림이 혀에 닿은 순간 그것이

제대로 만든 수제 생크림이 아니라 공장에서 만든 가공 크림을 쓴 케익임을 알아차린 경험 말이다. 이때 당신이 실망한 이유는 분명하다. 안와전두피질이 그 케이크를 보고 맛있는 보상이 있을 것이라 약속했는데, 당신의 혀와 미각이 이것이 진짜 생크림이 아님을 밝혀내면서 기대했던 보상을 얻지 못하게 됐기 때문이다.

롤빵에는 특유의 냄새도 있다. 미세한 방울 같은 냄새 분자는 빵 주변에 자유롭게 떠다닌다. 우리가 빵 가까이 접근하면 냄새 분자는 우리의 후각 상피, 즉 후각 세포로 뒤덮인 코 점막에 닿는다.[3] 이 분자들이 후각 상피와 어떻게 결합하느냐에 따라 그전에 저장된 냄새 표본들이 활성화된다. 우리는 살아가는 동안 여러 냄새를 맡으며 수집한 많은 냄새 표본을 갖고 있다. 개나 다른 동물에게는 이 표본이 훨씬 많다. 동물의 사회생활은 주로 후각을 통해 이루어지기 때문이다. 우리에게는 빵에 대한 표본이 많다. 마른 빵, 먼지 쌓인 빵, 플라스틱 망에 들어 있고 거의 냄새가 나지 않는 싸구려 공장 빵 등에 대한 표본들이다. 반면에 우리에게 진정한 롤빵으로 각인되어 있는 표본에서는 갓 반죽한 달콤한 냄새가 난다. 이 냄새를 맡으면 우리는 빵 안쪽이 말랑말랑할 것이고, 빵을 반으로 나누면 효모 냄새가 물씬 풍길 거라 예상한다. "갓 구운 빵"이라는 표본과 연결된 이런 정보는 후각 상피에서 1차 후각 본부에 해당하는 후구嗅球로 이동하고, 후구는 안와전두피질에도 이 신호를 전달한다. 그래서 이 분야의 주요 전문가인 에드먼드 롤스Edmund Rolls는 안와전두피질을 2차 후각 본부라 부른다.[4,5]

롤빵을 보고, 냄새까지 맡고 나면 우리는 빵을 베어 먹기 위해 빵을 집어 든다. 우리의 손가락 끝에는 온갖 촉각 정보가 집대성된 기계수용체의 무기고가 준비되어 있다. 기계수용체는 빵에 대한 주요 촉각 정보를 수집한다. 이때 핵심적인 활동을 하는 것이 피부 밑의 감각 세포이다. 이 세포들은 기계적인 힘, 즉 우리가 빵을 집을 때 롤빵이 반발하는 저항력은 물론, 롤빵의 온도까지 신경 자극으로 전환한다. 이 자극은 척수를 거쳐 뇌로 전달되고, 무수한 촉각 표본들이 저장된 체성 감각 영역에서 가공된다. 이 표본들은 우리가 살면서 했던 모든 촉각적 경험을 의미한다. 새로운 표본은 저장된 다른 표본들과 비교된다.

여기서 정보들은 다시 여행을 떠난다. 어디로 갈까? 여러분도 벌써 예상했을 것이다. 그렇다. 바로 안와전두피질이다. 이 피질은 앞서 진행된 모든 과정들에 대한 정보를 바탕으로 새로운 촉각 표본을 평가한다. 이 롤빵이 갓 구운 것인지 아닌지, 그리고 반죽의 농도에 따라 어떤 형태의 즐거움을 기대할 수 있을지에 대해 말이다.

이 모든 과정을 거친 뒤에야 마침내 갓 구운 빵이 우리 혀에 닿는다. 정말 뭐라 표현할 수 없는 맛이다. 왜냐하면 지금껏 다른 감각들로부터 전달받은 정보로 인해 기대감이 최고조에 달해 있기 때문이다. 혓등 점막에 솟은 작은 돌기인 혀유두의 미각 수용체는 이미 대기 상태에 있다. 빵은 우리 입안에 닿는 순간 분해가 시작된다. 다섯 가지 미각 세포가 이 일을 분담한다. 미각 세포는 주요 맛을 짠맛, 단맛, 신맛, 쓴맛, 그리고 감칠맛으로 구분한다. 감칠맛이란 원래 "우마미うま味"라는 일본어에서 왔다. 입에 착 감기는 강렬한 맛이라는 뜻인데, 혹자는 "바디감이 있는 육감적인 맛"이라고 부르기도 한다. 1889년부터 1891년까지 라이프치히에서 연구한 일본 과학자 이케다 기쿠나가 이 맛의 성질을 처음 규정했는데, 감칠맛을 관장하는 미각 세포가 따로 있다는 사실은 2000년대 초에야 밝혀졌다.[6]

이제 우리는 침을 섞어 가며 빵을 씹는다. 이로써 정해진 길을 따라가는 롤빵의 미각 여행이 시작된다. 씹은 빵에 대한 정보는 미각 세포와 세 가지 신경을 거쳐 1차 미각 센터로 보내진다. 대뇌피질의 표면이 아니라, 뇌 주름을 통해 안쪽 고랑으로 깊이 말려 들어가 하나의 섬처럼 떨어져 있다고 해서 섬피질, 또는 뇌섬엽이라 불리는 곳이다. 섬피질은 맛의 온갖 표본을 갖고 있을 뿐 아니라[7] 어떤 것이 맛있는지, 맛없는지에 대한 결정도 내려 준다. 특히 역겨운 느낌에 대한 반응은 무척 빠르다.[8] 이 경보 시스템은 진화의 중요한 산물이다. 안와전두피질이 맛에 대한 찬송가를 부르기 전에 이 음식을 계속 먹어야 할지, 아니면 입안에 든 것을 바로 뱉어내야 할지 알려 주기 때문이다. 이 시스템이 없다면 우리는 어쩌면 수천 년 동안 살아남지 못했을지도 모른다. 정통 의학이 발달하기 전까지는 식품에 함유된 독을 이겨내기가 무척 어려웠기 때문이다. 섬피질의 경보 능력은 타인의 얼굴에 드러난 역겨운 표정만 보고도 즉각 반응할 정도이며, 어떤 음식이 맛이 없거나, 심지어 우리를 병들게 할 수 있다는 사실도 알려줄 만큼 발달했다.[9] 우리는 아기와 어린아이들에게도 표정을 통해 무의식적으로 어떤 것이 맛있고, 맛이 없는지 신호를 보낸다. 다들 한번쯤 이런 경험을 해 봤을 것이다.

이렇게 할 일을 마치고 나면 섬피질은 관련 정보를 맛의 수석 지휘자인 안와전두피질에 보낸다. 이 피질은 롤빵에 대한 모든 것을 알기 위해 빵 껍질이 바삭한 정도에 대한 청각 정보도 받는다. 그런 다음 오랜 경험을 통해 설정해 놓은 모든 기준이 충족되면 안와전두피질은 도파민 생성 영역에 신호 물질을 보내 도파민의 분비를 지시한다. 그러면 보상 체계는 활성화되고, 우리는 빵을 먹으면서 행복을 느낀다. 마침내!

자극적인 음식을 끊기 어려운 이유

그런데 모든 감각적 지각을 종합하고 편성하는 곳은 안와전두피질이 아니다. 여기서 보내는 정보를 기다리는 기관이 또 있다. 우리의 감정을 주관하는 편도체와 해마가 그 주인공이다.[10] 흥미로운 것은 편도체와 해마 사이에 무척 많은 연관성이 존재한다는 사실이다. 이는 냄새와 맛이 장소와 시간에 대한 기억은 물론 감정과도 연결되어 있음을 뜻한다. 개인적으로 나는 갓 구운 빵 냄새를 맡을 때마다 학창 시절에 매일 간식용 포카치아 빵을 샀던 아오스타탈의 빵집 주인이 떠오른다. "포카치아 빵 50리라어치만 주세요!" 이렇게 말하면 주인은 덤덤한 표정으로 기름이 뚝뚝 떨어지는 납작한 빵 덩어리에서 50리라어치의 빵을 자른 뒤 갈색 포장지에 싸서 진열창 너머로 건네곤 했다.

우리가 롤빵을 먹기까지의 긴 여정을 함께한 이유는 무엇일까? 롤빵이 우리의 감각 체계 속에서 작용하는 과정을 이해하기 위해서이기도 하지만, 다른 한편으로는 이 롤빵에 단순히 모든 감각적 지각을 합친 것 이상의 의미가 있음을 이해하기 위해서였다. 다시 말해 롤빵은 도파민을 분비시키고, 그로써 우리에게 즐거움과 보상을 준다.

개인적으로 한 가지 더 덧붙이자면, 내게는 신선한 레버케제 Leberkäse(잘게 간 고기를 치즈 모양으로 구워낸 소시지−편집자 주)를 넣은 롤빵이 아무것도 넣지 않은 롤빵보다 더 중요하다. 잘츠부르크에서 대학을 다닐 때 지그문트 하프너 거리에 레버케제를 파는 정육점이 있었다. 속된 말로 사람들이 환장할 정도로 좋아하던 음식이었다. 거기 가면 늘 나무판 위에 김이 무럭무럭 피어오르는 큼직한 레버케제 덩어리가 놓여 있었다. 5킬로그램은 족히 돼 보였는데, 요즘처럼 가열램프나 오븐에 데워 둔 것이 아니라 그냥 커다란 천으로 덮여 있었다. 당시 이 레버케제는 미처 식을 새도 없이 만드는 족족 팔려 나갔기 때문이다. 이제 여러분도 짐작하겠는가? 내가 이 글을 쓰는 동안 왜 그렇게 오랜 세월이 지났는데도 그 정육점 주인을 떠올리고, 그 집 레버케제의 맛을 황홀하게 기억하고 있는지 말이다.

어릴 때부터 자주 먹어서 우리에게 모종의 의미로 각인된 음식은 정서적 가치의 형태로 우리 뇌에 저장되어 있다. 만일 누군가 내게 간식으로는 당근이 우리 몸에 더 좋을 뿐 아니라 레버케제보다 맛이 좋다고 하면 이성적으로는 그 말에 수긍할 수 있지만 내 뇌를 속일 수는 없을 것이다. 내 뇌는 잘츠부르크의 레버케제를 넣은 롤빵을 보면 아직도 사족을 못 쓸 테니 말이다. 즉 유기농 당근과의 정서적 관계는 내 뇌 속에 구축되어 있지 않다. 당근은 실제로 맛도 없고 말이다. 게다가 우리의 섬피질에는 지방과 점성, 당분 함량을 검사하는 일련의 특수 부대가 있다.[11] 만일 당신에게 다이어트 음식이 달고 기름진 음식보다 맛없게 느껴지고, 먹었을 때 만족감이 떨어진다고 해서 이를 이상하게 생각할 필요는 없다. 수백만 년 동안 우리가 스스로에게 맞는 선택을 하도록 각자의 역할에 특화되어 온 뉴런들은 텔레비전에서 아무리 유기농 건강식품이 몸에 좋다고 선전해도 넘어가지 않는다.

유명한 영양학자들이 선전하는 유행 상품도 우리 뇌를 속일 수는 없다. 한번은 흰 빵이 몸에 좋지 않은 식품으로 몰렸다. 하지만 흰 빵이 건강에 그렇게 나쁘다면 지중해 권의 사람들은 통곡물 빵을 자주 먹는 알프스 너머의 다른 민족들보다 훨씬 건강하지 못해야 한다. 다음에는 버터가 손가락질을 받는 바람에 사람들은 고지방 버터의 대용품으로 공장에서 만든 값싼 지방을 사서 먹었다. 다행히 그사이 좋은 품질의 버터가 제자리를 되찾았고, 그래서 이제는 크리스마스 쿠키나 케이크도 다시 즐길 수 있게 되었지만, 요즘은 설탕이 희생양으로 내몰리고 있다. 온갖 질병을 조장하고 유발한다는 이유로 말이다. 이상한 기분을 지울 수 없다. 만일 그게 사실이라면 당분을 즐기는 영국인과 미국인들은 어째서 아직도 그렇게 멀쩡할까? 영국과 미국에서 만든 케이크를 보면 좀 과장해서 단 두 번만 먹어도 숨이 끊어지거나, 최소한 중환자실로 직행해야 할 것 같은데 말이다. 물론 나는 이 방면의 전문가가 아니다. 그저 제3자로서 사견을 얘기하는 것뿐이다. 다만 나는 건강에 좋다는 음식이 우리의 입맛을 바꾸지 못하는 이유만큼은 안다.

다르게 설명하면 이렇다. 수백만 년 전부터 자신의 임무를 멋지게 수행해 온 나의 안와전두피질이 단번에 영양 섭취 모드를 바꿀 것이라 기대할 수는 없다. 당근에 대한 호불호는 하루아침에 바뀌지 않는다. 우리의 경험치에 맞추어진 안와전두피질은 우리가 즐겁게 음식을 먹고, 그로써 살아남을 수 있게 해 왔다. 만일 우리 아이들이 감자튀김이나 햄버거, 젤리를 즐기며 자랐다면 어느 날 갑자기 야채 캐서롤을 먹게 하기는 어렵다. 혹은 초콜릿이나 탄산음료 대신 사과와 물을 먹으라고 설득하기도 어려울 것이다.

다이어트에 실패하는 사람들의 뇌 구조

거의 모든 사람이 나처럼 '나쁜' 식습관을 갖고 있다. 우리는 살을 몇 킬로그램 빼려면 식욕을 참아야 하고, 다이어트를 하지 않는 사람들이 맛있게 먹는 모습을 보고도 흔들리지 말아야 한다. 그래서 다이어트에 성공하지 못하는 사람들에게는 항상 의지 부족이라는 비난이 따라다닌다. 하지만 이 문제는 근본적으로 훨씬 더 복잡하다. 이런 생각을 해 보자. 안와전두피질은 당근에 대한 표본이 없고, 당근과 정서적 관계를 구축하지 못했기 때문에 도파민 분비를 지시할 수 없다. 우리는 당근을 먹어도 즐거움을 느끼지 못하고, 다른 음식을 포기할 동기도 갖고 있지 않다. 그저 체념한 상태로 야채를 먹으며 아직 오지 않았지만 언젠가는 찾아올 날씬한 몸을 상상할 뿐이다. 이것도 물론 우리에게 보상이 될 수 있다. 하지만 그 보상은 대체 언제 가능할까?

반면에 맛있는 음식은 즉시 보상을 준다. 우리는 보상을 얼마나 오랫동안 미룰 수 있을까? 며칠? 몇 주? 아니면 몇 달? 이렇게 참기만 하면 앞뇌의 도파민 분비 체계는 긴장 상태가 된다. 도파민을 생산해야 하는데 생산할 일이 없기 때문이다. 먹기 싫은 음식만 먹으면서 다이어트를 하면 우리는 즐거움을 느끼지 못한다. 어쩌면 일을 할 때도, 사적인 관계나 사회적인 관계에서도 즐거움을 느끼지 못할 수 있다. 이때 레버케제를 넣은 롤빵은 우리의 일상적 걱정을 완화할 반가운 진정제가 될 수 있다.

정말 이조차 포기해야 할까? 그러면 우리는 신경과민에 빠진다. 당근을 먹기는 하지만, 마음속으로는 항상 레버케제 롤빵을 생각하게 된다. 아니면 오랫동안 먹지 못한 비엔나식 슈니첼이나, 삼겹살 구이 또는 팬케이크를 떠올릴 수도 있다. 그런데 먹어도 되는 건 당근뿐이다. 그것도 오후 4시까지 말이다. 이후엔 사과를 하나 먹을 수 있다. 우리 뱃속은 텅 비고, 뇌는 좌절한다. 시간이 갈수록 오직 먹는 것 하나밖에 생각나지 않는다. 저녁 식탁에 올라온 퍽퍽한 닭가슴살과 샐러드를 바라보고 있으면 왜 이러고 살아야 하나 싶다. 그래서 홧김에 다이어트를 단번에 망칠 과오를 저지르기도 한다. 이런 과정이 한심하게 느껴지는가? 그렇지 않다. 도파민 분비 체계는 갑자기 틀어막아서는 안 된다.

이 방면의 연구들은 대부분 몸무게가 평균보다 몇 킬로그램 정도 더 나가는 사람이 아닌, 심각할 정도로 체중이 많이 나가는 사람들을 대상으로 한다. 흔히 비만을 측정할 때 체질량지수 BMI를 이야기한다. 몸무게와 신장의 비율을 근거로 지방의 양을 측정하는 지수다. 이것은 단순한 공식으로서 하나의 기준치에 지나지 않지만, 과체중으로 건강이 위험한 사람들, 그러니까 미적인 이유가 아니라 건강상의 이유로 몸무게를 빼야 하는 사람들을 가려내는 데 사용된다. 체질량지수BMI는 몸무게(kg)를 신장(m)의 제곱으로 나눈 값인데, BMI가 25 이하면 정상, 25에서 30 사이면 과체중, 그리고 30이 넘으면 비만, 즉 병적인 과체중

BMI	분류	
< 16.0	심한 저체중	
16.0 – 17.0	보통 저체중	저체중
17.0 – 18.5	가벼운 저체중	
18.5 – 25.0	정상 체중	정상 체중
25.0 – 30.0	비만 전 단계	과체중
30.0 – 35.0	비만 1단계(초기 비만)	
35.0 – 40.0	비만 2단계(중증 비만)	비만
≥ 40.0	비만 3단계(병적 비만)	

으로 분류된다. 신장이 175cm인 사람을 예로 들어 보자. 1.75×1.75는 대략 3이다. 이 사람의 몸무게가 60kg이라면 체질량 지수는 20(60:3=20)으로 정상이고, 75kg(BMI 24)이라면 과체중의 경계이고, 90kg(BMI 30)이라면 비만이다. 비만인 경우 몇 군데의 신체 기관에 이상이 생기고, 뇌 영역에도 중대한 변화가 생길 수 있다. 그래서 과체중과 비만의 경우에는 다이어트가 중요한 문제로 대두된다. 그렇다면 그들은 왜 허리둘레를 줄이지 못할까?

저명한 보상 연구자 앙투안 베샤라Antoine Bechara 연구팀은 52명의 실험 참가자들에게 다이어트를 시켰다.[12] 여느 때처럼 이 실험에서도 중간에 다이어트를 중단한 사람이 줄줄이 나왔다. 추가 테스트 결과, 다이어트를 중도에 포기한 참가자들은 다른 이들에 비해 보상에 좀 더 민감하게 반응하는 것으로 드러났다. 그러니까 그들은 작은 자극에도 쉽게 다이어트를 그만두고 마는 것이다. 이 메커니즘은 모든 형태의 금욕에 적용된다. 어떤 이들은 30년간 담배를 피우다가도 한순간에 담배를 끊는 반면에, 어떤 사람들은 갖은 방법을 써도 담배를 끊지 못한다.

뇌과학적 관점에서 보면 그에 대한 한 가지 원인은 바로 일부 사람들의 뇌에서 발견되는 도파민 수용 능력 저하다.[13] 컬럼비아 대학의 연구진이 이것을 증명했다. 그들은 보상 시스템 영역인 선조체에서 행복 신호 물질을 받아들이는 곳인 수용체의 상태를 조사했다. 조사 대상은 심각한 과체중 여성 열다섯 명과 평균 체중 여성 열다섯 명이었다. 그 결과 과학자들은 과체중 피험자들의 뇌에는 수용체가 적다는 것을 발견했다. 그러니까 도파민을 받아들이는 지점이 부족한 것이다. 그렇다면 그들은 같은 음식을 먹어도 만족감을 덜 느낄 수밖에 없다. 이 연구가 우리에게 시사하는 보편적 메시지는 이렇다. 체질량지수가 높은 사람은 음식으로 보통 사람들과 똑같은 만족감을 얻으려면 훨씬 더 많이 먹어야 한다는 것이다. 음식을 먹고 느끼는 만족감의 강도가 남들보다 떨어지기 때문이다.

왜 누군가는 도파민 수용체가 많고, 왜 누군가는 적을까? 이 물음에 대한 설명은 여러 가지가 있다. 만일 동일한 세대에서 과체중 현상이 등장하면 이는 신호 물질의 과도한 자극에 뇌가 적응해 버렸기 때문일 수 있다. 마약을 남용했을 때처럼 말이다.[14] 우리 뇌는 과도한 자극을 지속적으로 처리할 수 없기 때문에 자극이 계속되면 일부 수용체를 없애 버린다. 그런데 이 분야의 논문 스물한 편을 종합 분석한 논문에 따르면[15] 도파민 수용체 수가 적은 것은 유전적 요인일 수도 있다고 한다.

내가 여기서 강조하고 싶은 것은 이 연구 결과들은 신중하게 이해되어야 하고, 과체중을 단순히 유전적 문제로만 해석해서는 안 된다는 것이다. 환경적 영향과 우리의 실제 행동은 유전자 발현에 큰 역할을 한다. 즉 유전자 형질이 실제로 드러날지 말지는 환경은 물론 우리 자신의 행동에도 큰 영향을 받아 결정된다는 말이다.[16] 만일 유전적으로 과체중이 될 가능성이 큰 사람이 영양 섭취에 신경을 쓰고 충분히 운동을 하면 자신의 유전자에 영향을 줄 수 있고,[17] 그 시간이 쌓이면 심지어 유전자를 "바꿀" 수도 있다. 결국 자신의 행동으로 유전자를 바꿀 수 있다는 말이다![18,19] 여기에 탁월한 효과가 있는 것이 바로 운동이다. 운동은 후생유전학적으로 영향을 끼치기 때문이다.[20]

과체중이 심한 사람의 경우에는 선조체에 도파민 수용체가 적기 때문에 보상 체계도 비정상적으로 굼뜨고, 그래서 보통의 음식량에 충분히 만족하지 못한다.[14,21] 이 사실을 보여주는 연구 보고서는 많다. 2014년 한 연구팀은 청소년 162명에게 질문지를 돌려 아이들이 좋아하는 음식을 조사했다.[22] 그런 다음 아이들에게 MRI 검사를 실시했다. 연구자들은 청소년들에게 좋아하는 음식 영상을 보여주었고, 뇌를 스캔하는 동안 밀크셰이크처럼 아이들이 좋아하는 음료를 입안에 흘려 넣어 주었다. 연구자들은 이미지와 맛을 통해 선호도와 지각 사이에 상관관계가 나타날 것이며, 영상으로 나타나는 보상 네트워크의 뇌 활동을 통해 이를 확인할 수 있을 거라 기대했다. 하지만 그렇지 않았다. 청소년들은 좋아하는 음식을 질문지에서 밝히기는 했지만, 그것을 보거나 먹는 것이 보상 네트워크의 활성화로 이어지지는 않았다. 활동성도 약하게 나타났다. 이를 보고 과학자들은 음식이 과체중 청소년들에게 만족감을 덜 유발하고, 그래서 이런 부족분을 양으로 보상받으려고 한다고 유추했다.

이 글을 쓰면서 문득 내 경험이 떠오른다. 건강하게 먹겠다며 식단표에 건강한 음식을 포함했을 때 나한테 벌어진 일이었다. 당시 나는 대파와 계란, 파마산 치즈로 타르트의 일종인 키슈를 만들었다. 그러니까 내가 좋아하는 스테이크 대신, 키슈를 신선한 야채에 곁들여 한 끼 식사로 먹었다는 말이다. 솔직히 맛은 있었다. 그러나 만족감은 들지 않았다. 어쩐지 뭔가 부족한 느낌이었다. 먹긴 먹었는데 "먹은 것 같지 않은" 느낌이 계속 남았다. 키슈와 샐러드로는 욕구가 다 채워지지 않은 것이다. 그런데 스테이크와 샐러드를 같이 먹었을 때는 달랐다. 이렇게 먹고 나면 만족감이 밀려왔다. 반면 키슈를 먹을 때는 부족한 느낌을 채우려고 자꾸 음식에 손을 댔다(칼로리 불어나는 소리가 들린다!).

그게 아니면 단 것을 찾았다. 불만족 때문이었다.

안락함이라는 이름의 함정

우리에게 무엇이 맛있게 느껴지고, 무엇이 만족감을 주는지 아는 것만으로는 충분치 않다. 우리는 이 책에서 운동이 우리 뇌에 끼치는 긍정적인 영향에 대해 말하고 있다. 그렇다면 이렇게 질문할 수 있다. 운동을 통해 도파민 체계의 효율성을 높이고, 이를 통해 살을 찌우는 일부 음식을 포기할 수 있지 않을까?

많은 사람이 맛있는 음식을 먹거나 재미있는 영화를 보는 것이 찬바람을 맞으며 산책하거나 뛰는 것보다 보상 체계의 활동성을 증가시킬 것이라고, 다시 말해 도파민이 더 많이 나오게 할 거라고 생각한다. 그건 나도 다르지 않았다. 추운 겨울날 벽난로 앞에 달라붙어 온기를 즐기고, 느긋하게 포도주를 마시고, 맛있는 음식을 요리해 먹고, 틈틈이 책을 읽고, 비디오를 보는 것이 우리 뇌에 좋다고 생각했다. 이처럼 우리는 모두 똑같은 게으름뱅이 속성을 타고났다. 그런데 운동이, 그것도 맑은 공기를 마시면서 하는 운동이 뇌 체계와 도파민 생산 능력에 활력을 준다는 사실을 알게 되면서부터는 그런 게으르고 안락한 생활로 느끼는 즐거움은 확 줄어들었다. 사실 처음엔 고통스럽겠지만 그 대가로 나중에 행복해질 거라는 생각은 받아들이기 쉽지 않을 수 있다. 하지만 그건 사실이다. 고대 로마인들도 이렇게 말하지 않았던가!

"고난을 넘어, 별을 향해."

지금의 역경을 견뎌내야 행복의 별에 닿을 수 있다는 말이다. 그렇다면 수천 년 전부터 알려져 있던 운동과 도파민의 관련성은 어떻게 이해해야 할까?[23]

솔직히 이와 관련한 연구는 대부분 쥐를 대상으로 이루어졌다. 동물 실험에서는 모든 요소를 통제할 수 있고, 그로써 보편적 결과를 도출해낼 수 있기 때문이다.[24,25] 이 연구들의 실험 과정은 대개 비슷하다. 한 집단의 쥐들은 그냥 평소처럼 편하게 생활하도록 내버려둔다. 반면에 다른 집단의 우리 속에는 쳇바퀴를 넣어둔다. 대개 쥐들은 자발적으로 쳇바퀴를 탄다. 그러면 연구자들은 '방사성 추적자'로 도파민 분비를 측정한다. 방사성 추적자란 도파민에 접촉해서 특수한 방법으로 도파민이 어디에 얼마나 많이 있는지, 또 생성된 후에는 어느 방향으로 이동하는

지를 시각적으로 보여주는 물질이다.

운동이 도파민 생산을 증가시키는 이유를 밝힌 2017년의 연구는 특히 흥미롭다. 연구자들은 쥐들을 상대로 한 실험에서, 러닝머신 운동으로 도파민 생성 본부의 뉴런이 줄어드는 속도가 느려진 것을 확인했다. 운동이 산화 스트레스를 줄인 것이다.[26] 이와 관련한 연구는 무척 많다. 왜냐하면 도파민은 행복감의 주역이자 보상 체계의 길잡이인 동시에 우리의 운동 능력을 지탱하는 물질이기 때문이다. 도파민에는 운동 능력에 관여하는 자기만의 순환 구조가 있는데, 이 순환에 이상이 생기면 우리의 운동 신경은 망가진다. 그로 인한 대표적인 질병이 파킨슨병이다.[27] 이에 대한 예방책으로는 역시 운동만 한 것이 없다.[28]

밖이 추울 땐 집 안에서 게으름만 피워야 할까? 진실을 말하겠다. 지금은 한겨울의 일요일 저녁이다. 나는 책을 쓰느라 주말 내내 컴퓨터 앞에 앉아 있었다. 하지만 두 시간 전에 달리기를 하고 온 상태이다. 찬바람이 부는 영상 2도의 날씨였고, 8킬로미터를 뛰는 동안 아무도 마주치지 않았다. 나는 집에 돌아와 뜨거운 물로 샤워한 뒤 따뜻한 차를 마시면서 양심의 가책 없이 케이크 한 조각을 맛있게 먹었다. 그러고 나서 다시 컴퓨터 화면 앞에 앉았다. 가끔 이런 생각이 든다. 노년까지 건강한 뇌를 유지하기 위해 나만큼 이렇게 끊임없이 자기 뇌를 들여다보는 사람이 있을까? 이 책을 읽자마자 찬바람이 쌩쌩 부는 밖으로 나가는 여러분을 상상하니 벌써 기쁨이 밀려온다. 우리가 땀 흘리는 것은 모두 우리의 도파민과 즐거움을 위해서다. 게다가 운동 뒤에는 평소 좋아하는 간식을 조금 먹을 수 있다는 보상까지 주어진다.

과체중이 뇌에 미치는 영향

나는 미국의 호텔 방에서 텔레비전 채널을 돌릴 때마다 항상 토크쇼에 나오는 사람들이 나이와 상관없이 유럽 사람들보다 훨씬 뚱뚱하다고 느낀다. 이는 기성복 사이즈에서도 드러난다. 미국의 의류는 같은 치수라도 유럽보다 크게 나온다. 예를 들어 나는 거기서 옷을 사려면 평소 사이즈인 XS 대신 XSS을 사야 한다. 그런데 또 어떻게 보면 서구 사회 전체가 예전보다 점점 살이 찌고 있는 듯하다. 이것도 혹시 우리가 익숙해질 수밖에 없는 시각적인 문제는 아닐까? 정말 그렇다면 걱정할 필요가 없을 것이다. 원칙적으로 미적 기준은 항상 그때그때 유행을 따르기 마련이니까. 예를 들어 우리 모두가 미적 이상향에 맞추려고 마치 옷을 걸친 해골 같은 모습을 했던 (나쁜) 시절이 있었듯이 지금은 오히려 몸에 살집이 좀 있는 편이 편안한 인상을 줄 수 있다. 그런 점에서는 이런 변화에도 장점이 있다. 젊은 여성들이 거식증 같은 식이 장애의 악순환에 빠지지 않을 테니까 말이다. 하지만 안타깝게도 이것은 단순히 어떤 체형에 시각적으로 적응하는 것의 문제가 아니다. 시간이 갈수록 사람들의 체질량지수는 증가하고 있고, 이는 우리의 뇌를 비롯해 국민 건강에 좋지 않은 영향을 끼친다.

이 문제가 장차 많은 사람들을 고통스럽게 할 거라는 예측하에 라이프치히 막스플랑크 연구소에는 몇 년 전 비만이 뇌에 끼치는 영향을 전문으로 연구할 독자적인 비만 연구 그룹이 만들어졌다. 이 그룹엔 예전에 내게 MRI 장치의 프로그램에 대해 가르쳐주고, 나의 숙면에도 많은 도움을 준 카르스텐 뮐러Karsten Müller도 포함되어 있었다. 그런데 이 그룹의 한 연구 결과가 한동안 학계에 걱정스런 파장을 불러 일으켰다. 체질량지수 30 이상의 비만 청년들의 경우, 해마뿐 아니라 운동을 담당하는 소뇌에서도 뉴런이 사라진 것을 카르스텐과 그의 동료들이 확인한 것이다.[29] 그렇다면 이 영향은 이르든 늦든 결국 기억력의 감퇴와 운동 조절 능력의 저하로 이어질 수밖에 없다. 물론 이건 과체중 상태의 모든 사람들에게 해당되는 이야기는 아니다. 앞서 언급했듯이 평균적으로 그렇다는 말이다.

왜 뉴런의 소실과 비만 사이에 이런 연관성이 나타날까? 그에 대해서는 여러 가지 해석이 있다. 그중 하나가 2017년의 동물 실험이다. 여기서는 쥐들에게 고지방 다이어트를 시켰다. 지방 함량이 높은 먹이를 먹은 쥐들은 과체중이 되었을 뿐 아니라 소뇌에 염증도 생겼다.[30] 만성 염증은 뉴런을 죽일 수도 있다. 이 실험에서는 소뇌에 염증이 생겼지만, 뇌의 다른 영역에도 얼마든지 염증이 발생할 수 있으므로 과체중은 운동 기능은 물론이고 인지 기능에도 악영향을 끼친다.[31]

카르스텐이 속한 연구 그룹은 비만이 백색질도 감소시킨다는 것을 밝혀냈다.[32] 연구자들은 평균 체질량지수 29.5의 젊은 여성(평균 나이 25.5세) 23명을 대상으로 MRI를 통해 해부학적 뇌 스캔을 했다. 그 결과 남성 비교 집단과 대조했을 때 여성들의 뇌에서 그 연령대에 비해 백색질의 여러 지점이 몹시 '얇아진' 것을 발견했다. 그에 대한 원인으로는 축삭돌기의 퇴화가 지목되었다. 우리 함께 기억을 되살려 보자. 축삭돌기는 다른 세포들에게 메시지를 보내는 뉴런의 소통 기관이다. 만일 이런 '소통 창구'가 사라지면 세포는 다른 세포들에게 정보를 주지 못하고, 그로써 여러 정신 활동을 위한 네트워크는 최상의 상태로 작동하지 못한다. 게다가 과학자들은 미엘린을 퇴화시키는 생물학적 물질이 있음을 밝혀냈다. 그로 인해 축삭돌기의 절연을 담당하는 희소돌기아교세포도 공격을 받았던 것이다.

요약하자면 이 연구는 비만 여성들의 뇌가 보통 사람들보다 빨리 퇴화하는 것을 보여 주었다. 또한 이런 식의 퇴화는 뇌의 다른 영역에서도 확인되었다. 모든 연령대의 과체중 사람들을 대상으로 실시된 여러 실험을 종합 분석한 쿨만S. Kullmann의 메타 연구[33]가 증명하듯이. 결국 중요한 건 사람의 외모가 아니다. 내가 가장 중요하게 생각하는 건 그 사람의 뇌 상태다.

비만으로 야기되는 염증과 뇌 조직 사이의 연결 고리에 영향을 끼치는 요소는 또 있다. 바로 시상하부이다.[34] 이것은 체온과 수면, 성적 행동을 조절한다. 또한 음식 섭취를 조절하여 배고픔 내지는 포만감도 조절한다. 비만 상태이거나 고칼로리 음식을 먹으면 사이토카인, 유리지방산, 면역 세포가 시상하부로 몰려가고, 이 성분들이 뒤섞이면서 국부 염증이 생긴다. 시상하부에 염증이 생기면 더 많은 미세아교세포가 시냅스에 영향을 끼치고, 퇴화 과정이 시작된다. 또한 시상하부 내의 순환계가 변하고, 그와 함께 기능도 변한다. 그래서 비만 상태에서는 배고픔과 포만감을 조절하는 뇌 기능에 장애가 생긴다. 그 결과는 우리 모두가 아는 그대로다. 아무리 음식을 많이 먹어도 포만감을 느끼지 못하는 것이다.

아이들에게는 과체중이 문제가 되지 않을 것이라 생각한다면 오산이다.[35] 이 문제는 아주 많은 수의 아이들을 상대로 실시한 장기 연구들에서 확연히 드러났다. 예를 들어 2000년대 말 캘리포니아 교육청이 5~9학년 학생 약 885,000명을 조사한 연구 결과가 그렇다.[36] 아이들은 먼저 건강 테스트를 받았다. 유산소 운동을 비롯해 팔 굽혀 펴기, 윗몸 일으키기, 앉아 윗몸 앞으로 굽히기 같은 종목이었다. 연구자들은 건강 테스트 결과를 체질량지수 및 수년간의 학교 성적과 비교해 보았다. 결과는 뚜렷했다. 게다가 굉장히 많은 수의 아이들을 조사한 것이기에 신뢰성도 충분했다. 아이들은 신체적으로 건강할수록 학교 성적이 좋았다. 특히 그 상관성은 뇌의 전두엽 부분뿐 아니라 다른 영역들의 협력 작업이 필요한 수학 과목에서 두드러졌다.[37]

어쩌면 여러분은 이 장을 시작할 때, 내가 학창 시절에 그렇게 많이 먹었다고 하니까 당시에는 좀 뚱뚱했을 거라고 생각할지 모르겠다. 서두에서 얘기한 내 식습관을 보면 충분히 그렇게 생각할 수 있다. 하지만 아니다. 그때나 지금이나 내 옷 치수는 XS로 똑같다. 물론 당시엔 젖살이 좀 붙었을 수는 있다. 어쨌든 그때 나는 한창 성장기였다. 그래서 모든 청소년이 그렇듯 배부름을 모르는 애벌레처럼 지치지 않고 먹었다. 게다가 운동을 위한 에너지가 필요하기도 했다. 나는 열두 살 때부터 운동부에 들었다. 우리는 매일 한 시간 이상 운동했다. 오후 간식을 먹고 나면 우리 옆집에 사는 발터가 나를 데리러 왔고, 그러면 우리는 함께 운동을 하러 갔다. 달리기, 수영, 장거리 달리기 같은 운동이었다. 토요일 오후나 일요일에는 단거리 마라톤이나 달리기 대회에 참가하곤 했다. 내 기억으로는 집에서 게으름을 피우며 편히 쉰 적은 거의 없고, 늘 집을 들락날락거렸다. 부모님은 사춘기 시절의 딸이 넘치는 에너지를 그런 식으로 밖에다 쏟는 것을 기뻐했을지 모른다. 그 에너지를 집에다 풀면 갈등이 생길 수밖에 없으니 말이다. 아무튼 부모님은 걸신들린 듯 먹는 내게 늘 큰 사랑으로 음식을 챙겨 주셨다. 오직 자식을 최고로 여기는 모든 이탈리아 부모들처럼 말이다. 고마워요 엄마, 고마워요 아빠!

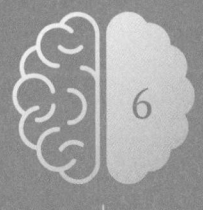

6

예민하고 우울한
뇌를 위한 처방

열세 살 때였다. 나는 교장선생님이 주최한 600미터 장애물 달리기 대회에 나갔다. 때는 겨울의 추위가 아직 가시지 않은 3월이었다. 경주 구간은 내가 자란 생 뱅상 마을 아래쪽이었는데, 초원에 말뚝을 박아 표시했다. 눈을 뭉쳐 놓은 구간을 지나자마자 갈색 풀밭과 물웅덩이, 진창이 차례로 나왔다. 신발로 차가운 물이 새어들었고, 싸늘한 공기 때문에 숨을 쉴 때마다 목구멍이 턱턱 막히는 듯했다. 그 대회 우승컵은 내가 차지했다.

여름에는 '아틀레티카 제르비온'이라는 스포츠클럽에 가입했다. 무엇보다도 클럽 회원들이 사용하는 스포츠용품이 마음에 들어서였다. 몸에 달라붙는 하늘색 셔츠, 위아래 한 세트인 트레이닝복, 로고가 새겨진 스포츠 가방, 그리고 누구나 갈망하던 흰색 줄 세 개가 그려진 아디다스 신발 같은 것들이었다. 주말이면 시메오니 아저씨가 우리를 클럽 버스로 경기장까지 데려다 주었다. 시메오니 아저씨는 원래 밤에는 카지노에서 딜러로 일했는데, 낮에는 우리 버스를 운전해 주었다. 우리 클럽은 열 명의 10대로 이루어져 있었다. 우리는 경쟁자로서 단상의 최고 자리에 올라 우승컵을 거머쥘 생각밖에 하지 않았다. 우리 삶은 클럽 중심으로 돌아갔다. 훈련, 출발 번호, 경주 기록, 우승, 그리고 대회 참가를 위해 떠나는 여행 같은 일이었다. 가장 좋았던 순간은 시메오니 아저씨가 신나게 운전대를 잡은 버스 안에서 다들 장거리 경주와 머나먼 세계, 그리고 자기만의 우승컵을 꿈꾸며 집으로 돌아갈 때였다. 그렇게 집에 도착하면 우리는 다시 배불리 먹었고, 완전히 지쳐 곯아떨어졌다. 이 모든 게 우리에겐 재미있었다.

10대들의 뇌에서는 무슨 일이 벌어질까

  이렇게 나는 운동으로 해마에 활력을 주었고, 그로써 혈관과 신경, 시냅스 생성 과정에 박차를 가했다. 강도 높은 운동을 시작하면서 학교 성적도 올라갔다. 그전까지는 공부하는 게 쉽지 않았다. 꾸준히 공부하지 않았고, 사춘기 히스테리도 부렸다. 부모님에게는 그런 내가 골칫거리였을 것이다. 익숙한 등굣길이나 일주일에 두 번 있던 체육 시간으로는 운동 효과가 크지 않았던 것 같다. 지금 돌아보면 말이다. 그러나 운동 시간이 늘어나면서 내 학교생활도 달라졌다. 운동을 시작하기 전보다 시간이 없었지만 더 집중해서 공부했고, 진도도 빨리 나갔으며, 학습 효과도 컸다.[1] 게다가 예전보다 더 침착해졌다.

  운동이 어린이와 청소년의 인지 기능과 정서적 발달에 중요하다는 사실은 이미 많은 연구들[2]로 증명되었다. 그런데도 요즘 교육계에서 학교 체육 시간에 대한 토론을 벌이는 것을 보면 이해가 안 된다. 누군가는 체육 시간을 지금보다 줄여야 한다거나, 아예 없애야 한다고 주장한다. 체육 수업에 참여하는 청소년들의 수가 점점 줄고 있으니 과목 선택권을 아이들의 의사에 맡겨야 한다는 것이다. 효과가 명확하게 증명되었음에도 그 결과를 인정하지 않는 우리 사회의 고질적인 완고함이 이 대목에서도 분명히 드러나는 듯하다. 생각해 보라. 1950년대와 60년대부터 아이들의 학교 성적과 스포츠 활동의 긍정적 관련성을 증명한 연구들이 얼마나 많았던가?[3] 운동이 인지 기능을 촉진하고, 학업 성취도를 높인다는 것은 이제 의심의 여지가 없다. 더불어 운동은 졸업 뒤에도 더 나은 직장에 들어가고, 더 나은 삶의 기회를 얻는 데 도움이 된다.[4] 시냅스 생성 및 신경 생성, 그리고 수상돌기 가지의 증가의 영향은 이런 과업에 직접적이지는 않지만 상당히 큰 도움을 준다.

이 거대한 과정에서 내가 지금껏 언급하지 않은 다른 주역이 있다. 운동으로 분비되는 단백질인 신경 성장 인자가 그것이다. 영어 명칭은 'Brain Derived Neurotrophic FactorBDNF'인데, 뇌에서 유래한 신경세포에 영양을 공급하는 물질이라는 뜻이다. 실제로 이 단백질은 특수한 뉴런의 소포체에서 생산된다.[5] 그럼 이 BDNF는 뇌 체계에 왜 존재하는 것일까?

진화는 우리 몸 속에 정말 독특하고 환상적인 메커니즘을 여러 가지 장착해 놓았다. 그중 하나가 뇌세포들 간의 경쟁이다. 해마의 치아 이랑에서 평생동안 새로운 줄기세포가 만들어지고, 이 세포가 뉴런으로 발달해서 필요한 곳으로 이동한다는 사실은 앞장에서 이미 설명했다. 그런데 다른 신체 부위의 세포들과 마찬가지로 뇌세포도 임무를 수행하는 능력이 모두 똑같지는 않다. 그래서 진화는 제일 강한 뉴런들에 BDNF를 받아들일 연결점을 더 많이 설치해 놓았다. 그래서 이 뉴런들은 약한 경쟁자들과는 달리 이 "강장제"를 더 많이 섭취함으로써 더더욱 힘이 강해진다. BDNF는 세포의 성장과 분화를 촉진하고,[6] 시냅스 형성[7]과 수상돌기 가지의 발달[8]을 돕는다.

그런데 BDNF의 작용은 이것으로 끝이 아니다. 세포에 자극을 주는 신호 물질인 글루탐산의 작용을 강화하고, 그로써 뉴런 간의 소통을 지원하기도 한다. 특히 BDNF는 세포의 활동성을 둔화시키는 감마아미노낙산GABA의 작용을 약화시킨다.[9] 요약하자면, 뇌 시스템에 BDNF가 충분하면 세포는 강해지고, 세포 사이의 소통은 최고로 잘 이루어진다.

진화 과정에서 이런 메커니즘이 발달한 이유는 짐작만 가능하다. 만일 기능이 떨어지는 약한 뉴런이 뇌 체계에 관여하면 우리의 뇌 체계는 불안정해질 수밖에 없고, 이에 따라 인지 기능과 정신 활동은 최상의 상태로 작동하지 못할 것이다. 그렇다면 더욱 강력해진 경쟁자들의 상대가 되지 못하는 약한 뉴런들의 운명은 어떻게 될까? 쓸데없이 자원만 축내는 이 뉴런들은 짧지만 흥미로운 과정을 거친다. 약한 뇌세포의 수용체에는 다른 물질(인자)이 접속하고, 이를 통해 세포체 내에서 자폭, 즉 세포 자살을 유도하는 하나의 프로그램이 작동한다.[10] 세포 자살은 우리가 보기에 참으로 특이한 현상이지만, 우리의 정신적 건강을 위해서는 꼭 필요하다. 자신의 임무를 온전히 수행하지 못하는 약한 뉴런은 더 이상 쓰여서는 안 되기 때문이다.

신경 성장 인자를 처음 발견한 사람은 이탈리아 여성이다. 같은 이탈리아 여성으로서 자랑스러울 따름이다. 1930년경 리타 레비 몬탈치니Rita Levi Montalcini는 병아리 배아의 뇌세포를 연구하는 과정에서 세포를 강화하는 인자가 있음을 직관적으로 깨달았다. 이후 그녀는 토리노 대학에서 의학 박사학위를 받았지만, 유대인이라는 이유로 무솔리니의 인종법에 따라 이탈리아를 떠나 브뤼셀의 한 세포생물학 연구소에서 연구 활동을 이어가야 했다. 그러다 독일이 벨기에를 침공하자 다시 이탈리아로 돌아갔고, 남편이자 대학의 전직 강사였던 주세페 레비Giuseppe Levi와 함께 토리노 남쪽의 아스티 외딴 구릉 지대에 몸을 숨겼다. 여기서도 그녀의 연구 활동은 멈추지 않았다. 그로부터 60년이 지나 이탈리아 토크쇼의 거장 피포 바우도와 인터뷰를 하면서 밝혔듯이 그녀는 부엌에서 "주사기 두 개와 흙손(집이나 담의 벽에

흙이나 회를 바르는 데 쓰는 연장) 하나, 그리고 달걀 하나"로 계속 실험을 이어갔다.

제 2차 세계 대전이 끝나자 레비 몬탈치니는 미국으로 갔다. 그녀가 처음 몸담았던 세인트루이스 대학의 빅터 함부르거 연구소는 최고의 연구 환경을 갖추고 있었다.[11] 여기에 힘입어 몬탈치니는 1950년대 초에 마침내 BDNF의 특성을 찾아냈다.[12] 이런 선구적인 연구 업적으로 레비 몬탈치니는 1986년에 노벨 의학상을 받았다. 당시 83세였던 점을 고려하면 늦은 감이 없지 않지만, 그녀의 삶이 아직 많이 남은 것을 감안하면 그나마 다행이라고 할 수 있었다. 그녀는 103세에 세상을 떠났다. 아쉽게도 나는 이 멋진 여성 과학자를 직접 만날 기회가 없었다. 내가 이 분야에 뛰어들기 전에 그녀는 이미 학계를 떠났기 때문이다.

솔직히 학창 시절의 나는 학업을 포기하고 운동에 집중할 생각까지 했다. 공부를 하려면 끈기가 필요했는데, 사춘기 때의 나에게는 그런 끈기가 없었다. 게다가 숙제를 할 때면 화를 주체하지 못했다. 수학 문제가 바로 풀리지 않으면 책과 공책을 벽에다 내동댕이치는 일도 흔했다. 한마디로 어디로 튈지 모르는 질풍노도의 시기였다. 의무 교육 과정을 무사히 마칠 수 있었던 것은 모두 천사 같은 인내심을 가진 엄마가 있었기에 가능했다. 엄마는 내 옆에 앉아 구겨진 책장을 펴주고, 찢어진 수학 공책을 다시 붙여준 뒤 차분하게 나와 함께 수학 문제를 풀었다. 엄마도 모르는 문제가 있으면 옆집에 사는 파올로 선생님을 찾아가 문제 푸는 법을 배워 왔다. 엄마는 하늘이 나에게 내려 주신 선물이었다. 엄마가 없었다면 나는 학교를 마치지 못했을 것이다. 어쩌면 알프스의 한 스키장에서 그릇을 닦거나 객실을 청소하고 있을지 모른다.

그렇다면 청소년기의 이런 이해 못할 행동은 어떻게 생기는 것일까? 10대의 뇌에서는 무슨 일이 벌어지는 것일까? 시간이 지난 뒤에 말하려니 어렵지만, 어쨌든 당시의 나는 수학 문제가 풀리지 않아 분노가 치밀 때면 나 자신을 통제할 수가 없었다. 자라며 겪는 어쩔 수 없는 과정일지 모르지만, 그 시절에 나의 BDNF 시스템이 매우 불안정했을 가능성이 높다. 그러니까 내 뇌에 이 기적의 물질이 너무 적었던 것이다. 관련 연구들에 따르면 충동적인 행동을 자주 보이는 '질풍노도의 사춘기' 아이들은 아이들은 BDNF 수치가 낮다고 한다.[13] 또한 운동이 그런 청소년들의 충동 조절에 긍정적인 영향을 끼친다는 사실 역시 많은 논문에 의해 증명되었다.[14]

그 외에도 운동의 효과는 아주 다양하다. 요즘엔 주의력결핍 과잉행동장애ADHD 진단을 받는 아이들이 많다. 주의력을 지속하고 순간적인 충동을 억제하는 데 어려움을 겪고, 비정상일 정도로 과도한 행동을 보이는 아이들이다. 2017년의 한 연구에 따르면[15] ADHD를 앓는 아이들도 충분히 운동을 하면 증상이 개선된다고 한다. 그런데 눈여겨봐야 할 점은 이러한 행동 장애를 지닌 아이가 결코 드물지 않다는 것이다. 6~12세 아동의 약 10퍼센트에서 나타나는 이 질환은 지금까지 조사한 모든 나라와 인종들에서 확인되었다.[16,17] 그리고 운동은 ADHD 증상을 단기적으로도 완화할 수 있다. 2010년 한 연구가 이를 증명했다.[18] 스물다섯 명의 아이들이 단 한 번 러닝머신 위에서 30분 정도 가볍게 달리고 난 다음 주의력과 충동성 측정 테스트를 받았는데, 모두 결과가 좋았다. 그러니까 기대했던 대로 운동하기 전에 비해 주의력은 높아지고 충동성은 줄어든 것이다. 또 다른 연구[19]도 8~10세 ADHD 아동과, 다른 또래로 이루어진 통제 집단을 동시에 조사했는데, 20분 동안의 유산소 운동 뒤에는 모든 아이들이 주의력 테스트에서 한결 좋은 결과를 보였다.

장기적인 운동은 더욱 효과가 크다. ADHD 아동 17명이 8주 동안 매일 26분 동안 적당한 운동을 하는 실험에 참여했다. 이 실험이 끝난 후 약 70퍼센트의 아이들에게서 증상 개선이 나타났다. 게다가 부모와 교사들에게도 일상생활에서 아이들의 행동에 정말 변화가 일어났는지 물었다. 그랬더니 다들 아이들이 예전보다 더 집중력이 높아지고 차분해졌다고 답했다.[20]

ADHD는 각성제로 치료할 때가 많다. 어린이 환자들은 주로 메틸페니데이트를 처방받는다. 이 약은 시냅스 틈에서 도파민의 이동을 억제하는 기능을 한다. 그러니까 이 행복 물질을 시냅스 틈새에 좀 더 오래 붙잡아 둠으로써 아이들의 주의력을 높이는 것이다.[21] 그런데 독일에서 ADHD 아동들에게 메틸페니데이트를 처방한 통계를 보면 사뭇 우려스럽다. 2004년 약 2,600만 건이 처방된 이후 꾸준히 증가하다가 2012년에는 무려 5,800만 건에 이르렀다. 이후에는 수치가 조금 줄기는 했지만, 그럼에도 전반적인 처방 건수는 여전히 너무 많았다. 2016년에만 5,100만 건이 처방되었으니 말이다. ADHD 치료를 위해 메틸페니데이트 같은 각성제를 복용하는 것이 상당히 위험하다는 사실을 알아두어야 한다. 과학자들은 성장기 쥐와 성체 쥐를 대상으로 이루어진 실험에서 이 약의 여러 부작용을 관찰했다. 어린 쥐들의 경우 도파민 생성 시스템에 변화가 일어났다. 도파민의 생산과 이동을 조절하는 시스템이 원래 기능의 50퍼센트 정도밖에 수행하지 못했던 것이다. 반면에 성체 쥐들에게는 아무 영향이 나타나지 않았다.[22] 성장기에 이 약을 복용한 쥐들은 그렇지 않은 쥐들보다 성체가 된 뒤 우울증과 불안 증세가 나타나는 빈도가 눈에 띄게 높았다.[23] 다른 논문에서도 고용량 메틸페니데이트를 장기적으로 복용하는 것이 심각한 영향을 끼치는 것으로 확인되었다. 쥐들의 과잉행동 증세가 줄기는 했지만, 대신 우울증을 앓는 비율이 증가한 것이다. 게다가 이 증상은 항우울제도 듣지 않았다. 도파민 수용체의 수가 줄어든 상태의 쥐를 항우울제만으로 치료하기에는 이미 한계가 있었기 때문이다.[24]

그렇다면 쥐들의 우울증은 어떻게 확인할까? 이를 판단할 수 있는 일련의 행동 지표가 있다. 예를 들면 수조에서 적극적으로 헤엄치며 놀지 않는 등의 행동이다. 무관심한 태도도 우울증의 신호로 해석된다. 게다가 쥐는 굉장히 호기심이 많은 동물이다. 만일 쥐를 미로 앞에 놓아두면 녀석들은 하나같이 미로를 탐험해 나가기 시작한다. 하지만 우울증에 걸리면 그런 행동을 보이지 않고, 오히려 우리로 돌아가려고 한다. 이는 자기 방에 틀어박히려고 하는 인간과 비슷하다. 각성제는 복용한 기간보다 훨씬 더 오랜 시간 동안 부정적인 영향을 끼친다.[25] 이는 명확한 사실이다. 이 약들은 어린 뇌의 기능을 변화시키는데, 이것을 전문 용어로는 "신경 임프린팅", 즉 신경 각인이라고 한다.[26] 따라서 아이들에게 그런 약을 처방할 때는 각별히 조심해야 한다.

따라서 질풍노도의 사춘기 현상이 누구에게 얼마만큼의 강도로 나타나더라도 일단 운동과 스포츠로 "치료해 보는" 것이 좋다. 사춘기 현상은 약을 먹는다고 하루아침에 호전되거나 낫지 않는다. 그러기 전에 가능한 한 자주 아이들과 함께 야외에서 산책이나 축구, 농구를 하고, 아이들을 수영장 같은 스포츠센터에 보내고, 운동 프로그램에 등록시키고, 그도 여의치 않으면 야영이나 국토대장정 같은 행사에 참가시키는 것이 좋다. 어떤 신체 활동이든, 평생 아이의 삶에 상당한 영향을 끼치는 약을 바로 먹이는 것보다는 백배 나을 것이다. 몸을 활발하게 움직이면 아이들은 그런 경험에 만족하고, 밤이 되면 지쳐 바로 쓰러진다. 몸은 파김치가 되었지만 정신은 행복해진다. 게다가 질풍노도의 청소년기로 인한 가족 간의 갈등과 눈에 띄는 이상 행동도 많이 줄어든다. 지금 와서 생각해 보면 앞서 말한 아틀레티카 제르비온 스포츠클럽의 시메오니 아저씨는 의도치 않게 우리 청소년들에게 정말 좋은 일을 많이 해 주었다. 스포츠로 우리에게 직접적인 즐거움을 준 것은 물론이고, 간접적으로는 우리 청소년들의 BNDF 분비를 촉진시켜 주었다. 또한 우리가 주의력과 침착성을 길러 학교 성적을 더 높게 받고 충동을 조절하며 적절히 행동할 수 있도록 도와주었다. 한마디로 우리 삶뿐 아니라 우리 가족의 삶이 좀 더 행복해지도록 무언의 도움을 준 것이다!

뇌의 가장 큰 적, 스트레스

내가 매일 운동하는 가장 큰 이유 중 하나는 뇌에서 BDNF가 충분히 생겨나지 않으면 어쩌나 하는 걱정 때문이다. 나는 전문 서적을 읽고, 중요한 내용을 머리에 새기고, 강의를 하고, 학생들의 이름을 기억하고, 또 지금 이 책 같은 글을 쓰는 것이 일상인 사람이다. 그러려면 원활하게 돌아가는 뉴런이 꼭 필요하다. 그냥 뇌 기능이 조금 떨어지는 정도는 큰 문제가 아니다. 정말 큰 문제는 BDNF의 부족으로 생기는 질병들이다. 예를 들면 우리 모두 두려워하는 우울증[27], 알츠하이머[28], 식이장애(폭식증, 거식증)[29,30] 같은 것들이다. 그런데 이런 질병이 주로 유전적 소인으로 생긴다고 생각하는 사람이 굉장히 많다. 물론 실제로 그렇기는 하지만, 그럼에도 모든 질병이 그렇듯 유전적 소인이 발현되느냐 발현되지 않느냐는 우리의 생활 방식에 달려 있다. 건강한 생활 방식이라 함은 단순히 유기농 채소를 먹고, 즐겁게 살려고 노력하고, 규칙적인 생활을 하는 것만 이야기하는 것이 아니라 우리 몸을 움직이는 것도 포함된다.

혹시 서양 사회에서 근골격계 질환(주로 허리 통증) 다음으로, 단기적으로든 장기적으로든 일을 할 수 없게 만드는 가장 흔한 원인이 우울증이라는 걸 알고 있는가? 우울증은 겉으로 드러나지 않으면서도 우리의 세계관과 사회적 관계, 그리고 행복을 느끼는 능력을 바꾼다. MRI 검사를 해 보면 우울증은 여러 신경 네트워크의 변화 및 장애로 나타난다.[31] 이런 변화와 장애는 특히 우리가 4장에서 살펴본 바 있는 휴식 네트워크에서 두드러지지만, 활동성과 감정 지각을 담당하는 네트워크에서도 나타난다.[32]

우울증의 원인은 무척 다양하다. 예를 들면 어린 시절의 트라우마[33], 폭력 경험[34], 실직[35] 같은 것들이다. 그런데 이런 극적인 사건 없이도[36] 우울증은 수년에 걸쳐 우리 삶에 슬금슬금 자리 잡을 수 있다. 직장과 가정에서의 지속적인 갈등 상황[37], 우리를 불행하게 만드는 여러 관계[38], 법정 소송 같은 요인을 통해서 말이다. 이것들은 모두 우리 뇌에 '스트레스'로 작용한다. 이것은 처리해야 할 일이 너무 많아서 생기는 스트레스가 아니라 정서적인 차원의 스트레스다.[39] 진화 과정에서 인간의 뇌에는 이런 스트레스 상황에 대처할 근본적인 행위 방식이 두 가지 생겨났다. 투쟁과 도피 반응이 그것이다.

이런 상상을 해 보자. 우리는 지금 원시시대에 살고 있다. 그렇다면 빠듯한 자원을 두고 타인과 끊임없이 싸워야 하고, 사냥감인 동물들과도 목숨을 걸고 맞서야 한다. 이 경우 우리가 이웃 부족에게 희생되든지, 이웃 부족이 우리에게 희생되든지 둘 중 하나다. 동물과의 싸움도 마찬가지다. 우리가 곰에게 잡아먹히든지, 곰이 우리의 제물이 되든지 둘 중 하나다. 이런 상황에서 가능한 한 빨리 행동하고 반응하기 위해 우리 몸은 특별한 물질대사 과정을 진행시킨다. 우리에게 더 많은 에너지, 즉 우리 몸이 저장해 둔 탄수화물을 더 많이 사용하는 물질대사다.

이와 관련해서 가장 중요한 역할을 하는 것이 스트레스 호르몬, 코르티솔이다.[40] 당질 코르티코이드 호르몬 계열에 속하는 이 호르몬은 뇌에서 분비되는 것이 아니라 부신, 즉 콩팥 위의 내분비샘에서 분비된다. 그것도 시상하부가 뇌하수체를 통해 명령을 내린 뒤에야 생산된다. 앞서 짧게 살펴보았지만 기억을 되새기는 의미로 다시 설명하자면, 시상하부는 주로 음식 섭취와 수면, 성적 행동, 체온을 조절할 뿐 아니라 도파민과 코르티솔의 생성에도 기여한다.

코르티솔은 스트레스 반응 시에만 분비되는 것이 아니다. 수면까지 포함해서 우리의 일상 전체를 제어한다.[41] 코르티솔은 우리가 해야 할 일을 각자의 생활 리듬에 맞춰 처리할 수 있도록 하루 종일 규칙적으로 분비된다. 예를 들어 우리는 잠에서 깨면 침대에서 일어나 일과를 시작할 수 있도록 일정량의 코르티솔을 받는다. 스트레스 상황이 닥치면 부신에서는 코르티솔이 더 많이 생산된다. 가령 매머드를 죽이거나 매머드에게서 도망칠 때는 약간이 아니라 엄청난 양의 에너지가 필요하다. 그것도 한꺼번에 말이다. 게다가 우리는 코르티솔이 몸 안에서 점점 퍼지는 것을 느끼기도 한다. 언제 느낄 수 있을까? 바로 흥분했을 때가 그렇다.

내 경험을 예로 들어 보겠다. 최근에 나는 빈의 한 호텔에서 7시 30분에 일어나 아침을 먹었다. 일정이 바쁜 날이었다. 약속이 여러 건 잡혀 있었고, 저녁에는 많은 청중을 상대로 강연도 해야 했다. 그런데 옆 테이블에 앉은 여자가 회사 일로 누군가와 통화를 하기 시작했다. 큰 소리로 떠드는 바람에 듣기 싫어도 통화 내용을 함께 들을 수밖에 없었다. 나는 보란 듯이 여러 번 고개를 돌려 엄한 눈길로 여자를 바라보았다. 여자는 내 눈길을 알아채지 못하고 통화가 끝나자마자 이번에는 영상 통화를 시작했다. 이제 나는 여자와 대화하는 상대방의 얼굴까지 봐야 했다. 속에서 슬슬 울분이 치미는 것이 느껴졌다. 어쩌면 그런 감정을 삼키거나 억누르는 연습이 부족했던 것일 수도 있었고, 아니면 이탈리아 사람 특유의 다혈질 때문에 그럴 수도 있었다. 결국 나는 더 이상 참지 못하고 여자에게 로비나 객실에서 통화했으면 좋겠다고 말했다. 그러나 여자는 아랑곳하지 않고 계속 통화를 했다. 이제는 분노로 심장이 쿵쾅거렸다. 아침 식사의 즐거움은 싹 달아났다. 나는 도피를 결심했다. 그래서 시리얼 그릇과 커피잔을 들고 이 방해꾼의 얼굴이 보이지 않고, 목소리도 들리지 않는 곳으로 자리를 옮겼다. 단 몇 분 안에 흥분은 가라앉았다. 도피가 성공한 것이다. 이어 나는 메신저로 도착한 지인의 차분한 메시지를 읽으며 아침 식사를 무사히 끝냈다.

그림이 그려지는가? 이 이야기에 공감하는가? 아직도 좀 막연하다면 이번에는 당신을 주인공으로 상상해보자. 당신 앞에 '매머드'가 한 마리 있다. 뇌에서 코르티솔이 쏟아져 나오면서 당신도 모르게 심장이 거칠게 뛰고, 동공이 확장되고, 혈압이 높아지고, 호흡이 빨라진다. 당신 안에서 더 많은 에너지가 돌고 있음이 느껴질 것이다.[41] 나 같은 경우에는 심지어 그 여자의 손에서 스마트폰을 확 뺏고 싶은 충동까지 느꼈다. 또는 경우에 따라 너무 흥분해서 덥지도 않은데 땀이 나고, 손이 축축해지고, 머릿속이 멍해지고, 이 상황을 정리할 적당한 말도 떠오르지 않게 된다.[42] 모두 코르티솔이 일으킨 작용이다. 그렇다면 왜 이런 작용을 일으키는 것일까? 진화 메커니즘상 우리는 '위험할' 때 오직 한 가지 행동만, 그러니까 싸우거나, 아니면 도망치도록 설계되어 있기 때문이다. 이런 절체절명의 상황에서는 말도 생각도 필요 없다. 필요한 건 오직 에너지뿐이다. 우리는 무조건 우리의 근육에 산소를 가득 품은 혈액을 공급해야 한다. 그보다 더 급한 일은 없다. 그래서 우리는 가끔 이런 상황에서 머릿속이 멍해지고, 말문이 턱 막히는 경험을 한다. 다만 무르익지 않은 불확실한 의견만 떠듬떠듬 내뱉을 뿐이다. 그래서 싸움이 끝난 뒤에는 좋은 반론이 무더기로 생각나지만, 싸울 당시에는 그런 반론이 떠오르지 않는다. 작업 기억조차 코르티솔의 영향을 받은 것이다.[42] 이유는 분명하다. 무언가와 도망치거나 싸우는 동안 우리의 생각은 아주 단순한 도식 속에서만 움직이기 때문이다. 매머드가 앞에 있는 상황에서 너무 오래 생각하는 사람은 목숨을 대가로 치를 각오를 해야 한다.

만일 우리가 스트레스 상황에서 실제로 싸우거나 도망칠 수 있다면 뇌 속의 코르티솔은 분해되고, 스트레스에 대한 우리의 대응 태세도 정상으로 돌아간다. 하지만 도망칠 수도 없고, 그렇다고 힘으로 제압할 수도 없는 나쁜 직장 상사와 계속해서 함께 지내야 하는 상황이라면 코르티솔은 우리 몸속에 계속 남아 있게 된다. 이 상태의 균형을 맞추기 위해 우리 몸은 코르티솔을 소변으로 내보낸다. 이 메커니즘은 우리 모두가 안다. 흥분했을 때 화장실을 더 자주 가게 되는 경험은 누구나 한 번쯤 해봤을 테니까.[43]

코르티솔은 우리가 위험에 적절하게 대응하는 과정에 무척 중요한 역할을 하지만, 장기적으로는 우리의 신체 기관[44]을 해친다. 그중에서도 피부[45]와 뼈[46]에 나쁜 작용을 하고, 상처 치료에 악영향을 끼친다.[47,48] 게다가 우리 뇌에는 더더욱 나쁘다. 뇌에서 코르티솔로 인해 특히 피해를 입는 부위는 해마다.[49] 이는 동물 실험으로 증명되었다. 만성 스트레스를 받은 쥐들의 경우 해마의 부피가 줄면서 기억 기능이 감퇴했다.[50] 이런 현상은 처음엔 급성 스트레스에 시달렸다가 3주가 지나는 동안 차츰 스트레스가 감소한 쥐들에게서도 관찰되었다. 코르티솔 수치는 실험 중에 쥐의 혈액을 채취해 측정했는데, 시간이 흐르면서 코르티솔 수치가 떨어졌음에도 해마에서는 신경이 잘 생성되지 않았고 수상돌기 가지도 늘어나지 않았다.

유독 해마가 더 많이 수축되는 이유는 이 뇌 조직이 안타깝게도 다른 부위들보다 코르티솔 수용체가 특히 많기 때문이다.[51] 이것이 의미하는 바는 분명하다. 우리는 삶에서 부정적인 일들을 유난히 잘 기억한다는 것이다. 그런데 만성 스트레스와 코르티솔이 지속적으로 과잉 상태라면, 이는 우리의 세포를 망가뜨린다. 세포와 돌기의 감소는 곧 해마 부피의 축소 및 단기 기억력 감퇴로 이어진다.

스트레스를 받은 쥐들은 행동에서도 변화를 보였다. 녀석들은 탁 트인 공간에 놓이면 불안해했고, 익숙하지 않은 소리나 새로운 상황에도 두려움을 드러냈다. 반면에 다른 쥐들에 대한 공격성은 증가했다. 한밤중에 환한 불빛을 비추거나, 우리를 반복적으로 흔들어 쥐들을 깨우거나, 쥐들을 강제로 차가운 물에 빠뜨렸을 때 이들이 느낀 만성 스트레스는 쥐들에게 좋지 않았다.

하지만 더 나쁜 것은 심리사회적 스트레스였다. 쥐는 사회적 동물이기 때문이다. 이런 종류의 스트레스 실험은 실험 중의 쥐들에게 조직적인 위해를 가했다.[52] 먼저 수컷 다섯 마리와 암컷 두 마리를 한 우리에 넣고 4주 동안 공동생활을 하게 했다. 예상한 대로 수컷 간에 우두머리 자리와 먹이, 암컷과의 짝짓기를 두고 싸움이 벌어졌다. 여기에서 패배한 수컷들의 경우, 일정 시간이 지나자 남성 호르몬인 테스토스테론 수치가 떨어지고 코르티솔 수치가 상승했다. 이는 신경 생성, 수상돌기 가지의 발달 및 앞뇌와 감정을 담당하는 편도체의 뉴런이 지속적으로 소실되는 데에 영향을 주었다.[53] 패배한 쥐들은 기분이 몹시 가라앉았고, 심리적 불안에 시달렸다. 그야 먹이를 충분히 먹지 못하고, 힘센 수컷들로부터 수시로 공격을 받고, 짝짓기의 즐거움을 누릴 수 없고, 그러면서도 강한 수컷들이 자신들은 누리지 못하는 상황을 즐기는 것을 마냥 지켜만 봐야 하는 상황이라면 지속적으로 불안에 떠는 이 녀석들이 우울증에 빠지지 않을 수는 없을 것이다. 심리사회적 스트레스로 녀석들이 삶의 즐거움을 잃은 것이 충분히 이해가 된다.

이 대목에서 여러분은 분명 이런 의문이 들 것이다. 그럼 한번 손상된 해마는 복구가 불가능할까? 아니다! 해마는 원 상태로 되돌릴 수 있다. 이 역시 실험으로 증명되었다. 21일의 스트레스 기간이 지난 뒤 쥐들을 일상으로 복귀시키자, 해마의 부피가 회복됐을 뿐 아니라 쥐들의 행동도 개선되었다. 물론 뇌의 이런 회복은 스트레스의 기간 및 강도와 관련이 있었지만 말이다.[54] 다만 이 사실은 분명히 말할 수 있다. 스트레스는 뇌에 영구적인 해를 입힐 수 없고, 우리 뇌는 짧은 시간 안에도 완전히 복구될 수 있다. 동물 실험은 그 자체로 잔인한 짓이지만, 심리사회적 스트레스에 방치되었을 때 인간의 뇌에서 어떤 일이 벌어지는지 알아보려면 안타깝지만 어쩔 수 없는 선택이다. 직장에서 집단 따돌림을 당하거나, 실연당하거나, 가족과 친구들로부터 소외됐을 때를 떠올려 보라. 이런 심리사회적 스트레스는 우리의 삶을 힘들게 하고, 가끔은 우리를 부주의하게 만들며, 건망증이나 우울증에 빠뜨릴 수 있다.[55,56]

돌이켜 보면 내가 라이프치히에 있을 때 내가 다시 운동하게 만든 기억력 감퇴 증상은 해마와 연관되었을 가능성이 아주 높다. 해마의 손상은 당연히 앞서 언급한 것처럼 대부분 내가 자초한 스트레스와 수면 부족 때문이었다. 나는 모든 일을 바로바로 해결하고 싶어 했다. 즉각 해결되지 않으면 혼자 끙끙 앓았다. 게다가 고백하자면 나는 실패에 대한 두려움도 느끼고 있었다. 당시 내가 가장 골머리를 앓았던 문제는 MRI 장치의 프로그램 작성이었다. 그로 인해 나는 잠들지 못하는 밤을 보냈다.

그 문제는 내게 극복할 수 없는 장애물이 되었고, 나를 불행하게 했다. 물론 MRI 프로그램 문제는 때가 되니 거의 저절로 해결되었다. 그렇다면 관건은 문제 자체가 아니라 그 문제에 대응하는 우리의 태도일 것이다. 문제를 바라보는 방식이 우리의 정신에 영향을 끼치는 것이다. 그사이 지속적인 스트레스가 코르티솔의 과잉 분비를 일으키고, 이는 다시 우울증으로 이어진다는 사실이 증명되었다. 그렇다면 그때는 자각하지 못했지만 나도 당시 우울증에 빠졌을 가능성이 상당히 높다.

코르티솔과 우울증은 어떤 관련이 있을까? 이 스트레스 호르몬에는 유전자를 "가동시키는" 특성이 있다. 이 말은 이렇게 이해할 수 있다. 우리는 유전자 설계도, 즉 게놈 속에 우리 몸의 모든 부위에 대한 유전자를 갖고 있다. 여기에는 질병 유전자처럼 우리 몸을 변화시킬 수 있는 유전자도 포함되어 있다. 그래서 우리는 엄마와 닮은 코를 갖고 태어나거나, 할아버지와 닮은 머리 색깔을 갖고 태어나기도 한다. 그런데 살다 보면 가족 중에 그런 질병을 앓는 사람이 없는데도 마흔 살에 특정 음식에 대한 알레르기가 나타나고, 쉰 살에 우울증이 생기고, 예순 살에 암에 걸리기도 한다.

옛날에는 오직 유전학 하나로 이 모든 걸 설명했다. "유전자가 곧 우리 자신"이라는 것이다. 만약 그렇다면 가족 중에 알레르기를 가진 사람이 없을 경우, 나에게도 알레르기는 생길 수 없다. 하지만 현실은 그렇지 않다. 오늘날에는 후생유전학에 대해 이야기한다.[57] 이는 우리의 환경이 우리의 유전자 설계도를 함께 그려나간다고 생각하는 상위 개념의 유전학이다. 이것은 어떻게 이해해야 할까?

담배를 예로 들어 보자. 흡연이 폐암을 비롯한 여러 질환의 발생 위험을 높인다는 사실은 이미 충분히 알려져 있다. 이는 폐암 유발 유전자에 축적되는 물질이 담배에 함유되어 있기 때문이다. 이 메커니즘은 간단하다. 폐암 유전자의 기다란 가닥 하나를 상상해 보라. 여기엔 사용 가능한 온갖 부분 프로그램이 담겨 있는데, 그중에는 우리 몸에 대한 몇 가지 공격 프로그램도 포함되어 있다. 예를 들면 우리 폐 세포를 어떻게 변화시킬지 기술해 놓은 프로그램이 그중 하나다. 폐를 파괴할 이 설계도가 어느 날 작동하려면, 초기 설정에 맞추어져 있는 커다란 스위치, 즉 "촉진제"라는 스위치가 켜져야 한다. 이 촉진제 속에는 환경적 영향(전사 인자)이 차곡차곡 쌓여 있는데, 이것들은 매일 조금씩 스위치 작동에 영향을 끼친다. 그러니까 만일 내가 지난 12년 동안 담배를 피웠고, 앞으로도 60세까지 계속 흡연을 이어간다면 내가 폐암에 걸릴 가능성은 담배를 입에 댄 적 없는 사람보다 굉장히 높아진다. 그런데 폐암 유전자의 촉진제 속에는 담배에 함유된 물질들의 영향만 쌓이는 것이 아니라 알코올이나 다른 환경독의 영향도 축적된다.

흥미로운 점은, 코르티솔 역시 폐암의 스위치를 켤 수 있다는 점이다. 이 말을 컨퍼런스에서 처음 들었을 때 나는 순간적으로 소름이 돋았다. 하지만 사실이 그랬다. 코르티솔에는 후생유전학적 특성이 있어서 많은 질병 유전자의 스위치를 켤 수 있다. 신체 질환이건[58] 정신 질환이건[59] 간에 말이다. 따라서 평생 담배를 입에 대지 않고 건강하게 살았다고 하더라도 오랜 기간 이런저런 이유로 자주 화를 내는 바람에 매일 코르티솔이 분비되었고, 스트레스 상황에서 도망치지도 싸우지도 못하는 경우가 많았다면 우리는 얼마든지 폐암에 걸릴 수 있다.

다시 말하자면 이 단락은 우울증으로 시작했다. 우울증은 스트레스 호르몬의 후생유전학적 특성을 전형적으로 보여 주는 예이다.[58,59] 우리가 만일 일정 기간 스트레스, 그중에서도 감정적 스트레스를 받아 불행해하면서도 이 상황을 바꿀 수 없거나 바꾸려고도 하지 않는다면 이런 침울한 기분이 우울증 특유의 모든 증상을 동반한 진짜 우울증으로 발전하는 것은 시간문제일 수도 있다.

다만 안심이 되는 소식도 있다. 질병을 유발하는 유전자 스위치가 켜질 수도 있지만, 우리 뇌에는 병적 유전자의 발현을 잠재우는 사일런서Silencer 메커니즘도 존재한다는 사실이다.[60] 이 사일런서 단백질을 강화하는 것은 건강한 식이와 스트레스 회피, 규칙적인 유산소 운동이다. 돌아보면 그것이 나에게는 불행 중 다행이었다. 감퇴된 기억력이 잠들어 있던 나를 흔들어 깨웠고, 내 뇌 건강에 대한 경각심을 일깨워준 동료 마렌 덕분에 그해 여름 규칙적으로 자전거를 타기 시작했기 때문이다. 그로써 나는 당시엔 미처 몰랐지만 내 뇌에 해를 끼치는 모든 것들과 맞서 싸우기 시작했다.

우울증을 몰아내는 운동의 효과

수십 년 전부터 행동 관련 연구들은 운동이 사람의 기분과 불안정한 정서에 긍정적 영향을 끼치고,[61] 정신 질환, 특히 우울증에 도움이 된다는 사실을 증명해 왔다. 의학 데이터뱅크에 검색어로 "운동과 정신 건강"을 입력하면 수많은 자료가 주르르 쏟아진다. 운동이 정신 질환에 대한 기적의 치료제임을 입증한 논문들이 무수히 존재하는데도[62-70] 여전히 전 세계적으로 대부분의 환자들은 오직 약만 집어 든다. 어째서 경증 정신 질환조차 치료 수단으로 운동을 활용하지 않는지 나로서는 잘 이해가 안 된다. 물론 그 이유들이 짐작 가지 않는 바는 아니지만, 이 책은 뇌 연구에 대한 지식을 통해 운동이 우리의 기분 및 우울증을 조절할 수 있음을 여러분에게 설득하는 자리인 만큼 그 부분은 굳이 거론하지 않겠다.

아무튼 운동 및 우울증과 관련해서 나는 스톡홀름 카롤린스카 대학의 생리학·약리학 연구소에서 발표한 한 논문을 소개하고 싶다.[71] 연구는 우울증이 키뉴레닌KYN 혈중 수치의 상승과 함께 일어난다는 사실에서 출발한다. 키뉴레닌이라는 말 속에는 고대 그리스 단어 두 개가 숨어 있다. kyon(개)와 ouron(오줌)이 그것인데, 개의 오줌에서 이 물질이 처음 발견되어 이런 이름이 붙었다. 키뉴레닌은 인간 몸속에서 염증 시 혈관을 넓히고, 면역 반응을 조절하는 아미노산이다. 이것의 물질대사에 이상이 생기면 뇌와 중추신경계에 손상이 일어난다. 이 때문에 조현병이나 내적 불안, 우울증 같은 신경증과 정신질환을 앓는 환자 상당수의 몸에서 높은 키뉴레닌 수치가 확인된다.

그런데 과학자들은 육체적 활동이 PGC-1α1라는 특수 단백질의 생산을 증가시킨다는 사실을 알아냈다. 이것을 보고 그들은 이런 의문을 품었다. 운동이 우울증 치료에 도움이 된다면 PGC-1α1 단백질은 어떤 역할을 할까? 이에 대한 답을 찾으려고 연구자들은 유전자 조작으로 특수 혈통의 쥐를 만들어 냈다. 별로 많이 움직이지 않는데도 PGC-1α1 단백질을 굉장히 많이 생산하는 체질이었다. 이 쥐들은 우울증에 걸리지 않았다. 유전자 변형으로 우울증에 일종의 '항체'가 생겼기 때문이다.

이번에는 유전자 변형 쥐와 함께 일반 쥐까지 실험에 투입했다. 일단 모든 쥐들에게 상당히 많은 양의 스트레스를 주었다. 갑자기 큰 소리를 낸다든지, 눈이 부실 정도로 환한 빛을 쪼인다든지, 일상의 리듬을 깨뜨리는 것 같은 방법이었다. 예상대로 일반 쥐들은 우울증에 걸렸다. 하지만 유전자 변형 쥐들은 우울증에 걸리지 않았다. 오히려 이들의 피에서는 키뉴레닌 수치가 더 낮게 나타났다. 그 비밀의 핵심은 특별한 메커니즘에 있었다. 근육에 PGC-1α1 단백질 수치가 높아지면 KAT라고 하는 특별한 효소가 생산되는데, 이것이 스트레스 물질인 키뉴레닌을 아예 뇌로 이동할 수 없는 형태의 물질로 바꾸어 버렸다. 이로써 유전자 변형 쥐들은 우울증에 대한 회복탄력성이 생겼다.

이러한 작용의 핵심은 PGC-1α1 단백질의 증가와 KAT 효소의 생산이었다. 덕분에 키뉴레닌은 쥐의 뇌에 해를 끼치지 못했다.

이 연구 결과가 우리 인간에게 시사하는 바는 분명하다. 만일 스트레스를 받거나 슬픈 감정을 느끼면 그 즉시 우리 근육에 KAT 효소를 생산할 기회를 주어야 한다는 것이다. 그러면 키뉴레닌은 우리에게 아무런 해를 끼칠 수 없다. 산책과 조깅, 자전거 타기나 수영, 이 모든 것이 우리 뇌에는 너무나 고마운 행위이다.

이쯤에서 여러분은 이런 의문을 품을지 모른다. 그렇다면 코르티솔 수치는 어떻게 될까? 운동을 하면 키뉴레닌처럼 코르티솔 수치도 떨어질까? 아쉽지만 이 부분은 아직 명확하게 밝혀지지 않았다. 다만 단서는 곳곳에 있다. 일본 와카야마 의과대학 연구팀[72]은 경증의 우울증을 앓는 젊은 여성 49명을 대상으로 실험을 진행했다. 피험자들은 두 집단으로 나뉘었다. 첫 번째 집단은 매주 다섯 번씩 50분간 유산소 운동을 했고, 두 번째 집단은 같은 기간 동안 운동은 하지 않고 일상적인 생활만 했다. 두 달이 지난 뒤 연구팀은 젊은 여성들의 건강 상태를 체크했다. 예상한 대로 유산소 운동을 한 집단은 그렇지 않은 집단보다 우울증 증상이 눈에 띄게 좋아졌다. 게다가 소변에서 코르티솔과 아드레날린(이 역시 스트레스 호르몬이다)의 수치도 줄었다. 그뿐이 아니다. 운동을 한 여성들은 부수 효과로 폐 기능이 개선되고 맥박까지 정상으로 돌아왔다. 적당한 속도로 50분 동안 달리는 운동을 마흔 번 정도 했을 뿐인데 이런 놀라운 효과들이 한꺼번에 나타난 것이다. 이와 비슷한 결과는 유산소 운동에 대한 다른 수많은 연구들에서도 확인되었다.[73]

그런데 특이한 점은 달리기 속도를 높이니까 오히려 코르티솔 수치가 오르고, 뇌에 긍정적 효과도 떨어졌다는 것이다.[74] 그렇다면 결국 과유불급이다. 아무리 좋은 것도 너무 지나치면 우리 몸과 정신에 좋지 않다. 운동이 좋다고 하니까 무턱대고 많이 할수록 좋을 거라고 생각하고 과하게 운동하는 이른바 '과훈련 증후군'은 만성 피로와 번아웃으로 이어진다.[75,76] 세상 모든 일이 그렇듯이 운동도 합리적으로 적당히 하는 것이 중요하다.

우리는 행복하기 위해 달린다

앞서 내가 청소년기에 육상에 상당한 소질을 보였다고 이야기했다. 이후엔 어떻게 됐을까? 운동을 계속했을까? 열다섯 때

나는 아오스타탈 단축 마라톤 대회에 참가했다. 그 자리엔 로베르타 브루네트Roberta Brunet도 있었다. 어떻게 보면 그녀와의 처음이자 마지막 경쟁이었다. 나는 출발할 때는 로베르타를 보지 못했기에, 골인 지점을 통과하는 순간 내가 1등이라고 생각했다. 그러나 아니었다. 나는 2등이었다. 처음에는 믿을 수가 없었다. 하지만 곧 깨달았다. 로베르타가 이긴 것이 맞았다. 로베르타는 내가 경주 내내 그녀의 모습을 보지 못할 정도로 큰 격차로 먼저 들어온 것이다.

이 패배와 함께 나는 새로운 학교에 진학했다. 수업은 일주일에 44시간이었고, 교과 과목도 엄청나게 많았다. 언어 과목만 이탈리아어, 프랑스어, 영어, 독일어로 총 네 과목이었다. 언어 수업 시간만 일주일에 24시간이었다. 게다가 선생님들은 "독사"라는 별명에 걸맞게 엄했고, 시험도 예고 없이 기분 내킬 때마다 봤다. 또한 수요일과 토요일만 빼면 매일 오후 수업이 있었다. 그사이 로베르타는 이탈리아 육상계의 챔피언이 되었다. 이제는 내가 넘볼 수 없을 만큼 앞서 나가 있었다. 그때 나는 분명히 깨달았다. 학업을 중단하고 육상에만 전념하더라도 내가 일등을 차지하는 일은 없으리라는 것을. 로베르타는 수준이 달랐다. 그녀는 이미 챔피언이었다. 그것도 그 어린 나이에 말이다.

나는 가슴이 아팠지만 학업을 택하기로 마음먹었다. 결과적으로 옳은 선택이었다. 하지만 그보다 더 중요한 것은 내가 운동 덕분에 별 사고 없이 격동의 사춘기를 이겨내고, 인생의 진로를 결정하고, 고등학교 졸업 때까지 좋은 성적을 유지할 수 있었다는 점이다. 스포츠는 내게 자제력과 엄격한 태도를 심어 주었다. 도저히 더는 할 수 없을 것 같을 때에도 독기로 이겨내게 했다. 이런 독기와 태도는 내 삶의 가장 힘든 시기, 그러니까 고등학교 졸업 시험을 볼 때까지도 정말 큰 도움이 되었다. 내가 다녔던 학교는 나약한 모습을 용서하지 않는 엘리트주의로 똘똘 뭉친 가혹한 학교였다. 마흔네 명이 입시를 시작했지만, 대학에 붙은 사람은 나를 포함해 여섯 명뿐이었다. 가끔 너무 힘들어 공부를 포기하고 싶은 마음이 들 때면 예전에 운동할 때를 생각했다. 푹푹 찌는 여름날 생 뱅상 시청에서 1,200미터 높이의 산까지 아스팔트 길을 따라 12킬로미터나 달리던 순간과 시메오니 아저씨가 차를 타고 뒤따라오면서 메가폰으로 우리를 응원해 주던 장면을 떠올리면 아무리 눈꺼풀이 무겁더라도 필사적으로 눈을 치켜뜨며 그날 해야 할 공부를 마저 마칠 수 있었다.

로베르타도 자신의 길을 걸었다. 800미터부터 5,000미터까지 여러 종목에서 이탈리아 선수권을 거머쥐었고, 국제 육상 경기에서도 두각을 나타냈으며, 심지어 1996년 애틀랜타 올림픽 대회에서는 동메달을 차지했다. 천부적인 재능이었다.

스포츠를 통해 밴 규율은 그사이 내 성격의 일부가 되었다. 지금도 나는 스스로에게 아주 엄격하다. 하루에 해야 할 일을 빼먹거나 미루는 법이 거의 없다. 피곤하다는 핑계도 통하지 않는다. 일이 많아 연구실에서 늦게까지 있다가 열 시쯤 집에 돌아와도 꼭 러닝머신 위에서 7킬로미터를 달린다. 물론 나도 그게 귀찮고 싫을 때가 있다. 하지만 한다. 내 정신 건강을 위해, 그리고 하루 동안 쌓였던 스트레스에 대한 회복 탄력성을 키우기 위해서이다. 그러고 나서 이튿날 상쾌하게 일어나 다시 세상으로 힘차게 발을 내딛는다.

내가 운동을 하는 것은 러너스 하이Runner's High, 즉 운동선수가 골을 넣거나 좋은 기록을 달성했을 때 뇌에서 나온다는 절정의 행복 호르몬을 맛보기 위해서가 아니다. 그런 순간 우리 뇌에서는 아편과 비슷한 성분의 베타 엔도르핀과, 대마 비슷한 물질인 아난다미드가 분비된다. 진화론적으로 보면 둘 다 심적 안정과 육체적 고통을 완화해주는 역할을 수행한다.[77] 반면에 연구실에서의 긴 하루가 끝난 뒤 내가 운동을 하는 이유는 그런 목적과는 상관없다. 오직 신경 성장 인자와, 신호 물질 세로토닌의 협력 작업을 촉진하려는 것뿐이다. 뇌간의 솔기핵에서 분비되는 세로토닌은 수많은 뇌 기능에 영향을 끼치며, 때로는 기분에도 영향을 준다. 만일 세로토닌이 충분히 분비되면 우리는 안정을 찾고 만족감을 느낀다.[78] 또한 불안이나 공격성을 보이지 않으며, 공부나 일, 아니면 대인관계에서 발생할 수 있는 온갖 불편한 상황을 침착하게 받아들인다. 혹시 불면증에 시달렸던 그 시절의 나에게도 세로토닌이 너무 부족했던 게 아니냐고 묻지 마라. 확인할 길은 없지만 그랬을 가능성이 높기 때문이다. 나는 MRI 프로그램 문제로 골머리를 앓고 있을 때 동료들이 했던 말을 믿었어야 했다. 그때 그들은 이렇게 말했다.

"그냥 하다 보면 돼요."

"나도 처음엔 잘 못했지만, 지금은 아주 잘해요."

당시 내게 필요한 건 정신적 여유와 평정심이었던 듯하다. 하지만 전혀 운동을 하지 않은 탓에 신경 성장 인자와 세로토닌 사이의 협업이 제대로 이루어지지 않았다. 이유는 뭘까?

신경 성장 인자의 기능에 대해서는 이미 설명한 바 있다. 이것은 뉴런의 성장과 분화를 촉진하는 거름 같은 작용을 한다. 이는 세로토닌을 생산하는 솔기핵 속의 뉴런에 대해서도 마찬가지다. 그뿐 아니라 신경 성장 인자는 세로토닌의 수송에도 영향을 준다.[79] 무척 긴 솔기핵의 축삭돌기는 뇌 전체로 뻗어 있기 때문이다. 게다가 그것은 길고 강할수록 자신의 역할을 더 충실히 수행한다.

그런데 이게 전부가 아니다. 신경 성장 인자는 도파민 생성 뉴런이 자라도록 돕는 거름 역할도 하고,[80] 도파민을 받는 목표 뉴런의 장기적인 변화에 영향을 끼치며, 목표 뉴런이 도파민을 수용하는 능력도 더 높인다.[81] 달리 표현하자면, 우리의 만족감과 행복감은 세로토닌과 도파민이라는 두 가지 신호 물질과 밀접한 관련이 있으며, 신경 성장 인자는 이 두 가지 물질과 상호작용하여 우리의 만족감을 촉진하고 조절한다. 그렇다면 우리는 신경 성장 인자가 충분히 생길 수 있도록 최선을 다해야 할 것이다. 그러기 위해 가장 좋은 방법은 충분한 운동이다. 더 쉬운 방법은 없다. 게다가 운동에는 부작용도 전혀 없다.

내가 신경 성장 인자를 처음 발견한 리타 레비 몬탈치니에게 왜 그렇게 열광하는지 이제 알겠는가? 그렇다면 그녀가 노벨상을 받은 이유도 분명해진다. 그녀의 발견이 없었더라면 신경과학은 앞으로도 한참 동안 어둠 속을 헤맸을 것이고, 추운 겨울날에도 우리가 왜 밖으로 나가 걸어야 하는지, 늦은 밤에도 내가 왜 러닝머신 위에서 달려야 하는지 이유를 알지 못했을 것이다. 2013년, 그러니까 레비 몬탈치니가 세상을 떠난 이듬해에 그녀를 기리는 많은 논문이 쏟아졌는데, 그 가운데 한 논문은 이 과학자에게 "신경과학의 여왕"이라는 칭호를 붙여 주었다.[82] 그런 호칭이 아깝지 않은 사람이다.

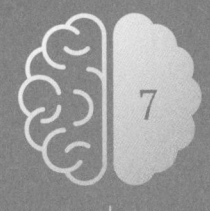

7

늙지 않는 뇌의
비밀

　우리 외할머니 이레네는 우리 집에서 멀지 않은 샤티용에 살았다. 작은 체구에 온화하지만 강인한 분이었다. 내 초록색 눈과 주근깨는 할머니한테 물려받았다. 오십을 갓 넘겨 홀몸이 된 외할머니는 자그마한 밭뙈기에서 나오는 작물로 생계를 꾸려나가다 여든다섯 살에 돌아가셨다. 집은 비탈에 지었다. 지하층은 축사였는데, 암소 한 마리, 돼지 한 마리, 닭 몇 마리, 토끼들이 있었다. 할머니는 그 위층에 살았는데, 거실에는 난방 겸 요리에 사용하는 화목 난로가 있었다. 지붕 바로 아래에는 건초

창고를 넣어 두었는데, 거기서 고양이가 대를 이어 태어났다. 슬레이트 지붕을 올리고, 돌과 나무로 지은 아오스타탈의 전형적인 농가였다. 어떻게 보면 버리기엔 아깝고, 살기엔 여러모로 부족한 점이 많은 집이었다. 비탈에 돌담을 쳐서 조성한 텃밭에는 채소가 자랐다. 산에서 내려오는 실개천을 끌어들여 물을 댔는데, 나름 복잡하고 자그마한 운하와 같았다. 할머니는 모든 일을 손으로 했다. 게다가 식용 달팽이도 키워 매주 월요일에 장에 내다팔았다. 장터까지는 걸어서 갔다. 일요일 오후에 우리 집에 올 때도 걸어서 왔다. 겨울이건 여름이건, 눈보라가 치는 날이건 푹푹 찌는 날이건 상관없이 국도를 따라 생 뱅상까지 왕복 10킬로미터를 걸어다녔다. 할머니는 돌아가시기 직전에야 처음으로 병원에 갔다. 그때까지는 집안일과 농장 일뿐 아니라 돈 문제와 관련된 살림도 혼자 다 했다. 마지막까지.

뇌는 어떻게 늙어가는가

피부에 주름이 생기는 것처럼 우리 뇌도 늙는다. 얼굴은 매일 거울을 보면서 늙어 가는 정도를 확인할 수 있지만, 뇌는 그럴 수 없다. 그래서 우리는 뇌도 언젠가 늙고 쇠약해진다는 사실을 깨닫지 못한다. 다만 얼마 전의 일이 기억나지 않는다든지, 아니면 새로운 이름이나 숫자 몇 개를 외우기가 어려워질 때에야 얼핏 눈치 챌 뿐이다. 원인은 분명하다. 건강한 뇌도 늙으면 부피가 축소되기 때문이다. 뇌는 보통 40세부터 10년 단위로 약 5퍼센트씩 작아진다.[1] 일본인 199명을 조사한 최근 연구에서는 그 수치가 절반 정도로 나타났다. 남녀 차이는 없었다. 그렇다면 진실은 그 중간쯤에 있지 않을까 싶다.[2] 어쨌든 뇌 부피의 변화 속도는 70세부터 더욱 빨라진다.[3] 이것은 결코 그냥 넘길 문제가 아니다. 뇌의 부피 축소와 함께 여러 인지 기능에도 변화가 생기기 때문이다. 그렇다면 뇌의 축소는 건강하게(이건 재차 강조하고 싶다) 늙어 가는 사람들에게 구체적으로 어떤 영향을 끼칠까?

주의력을 쓰는 것과 멀티태스킹은 힘든 일이다. 만일 당신이 여든 살 할아버지에게 스마트폰의 애플리케이션 사용법을 가르쳐 드리려 한다고 상상해 보자. 어떤 일이 벌어질까? 할아버지는 귀 기울여 듣고 집중해야 하는 과제에 오래 집중하지 못하고, 끊임없이 이 일에서 벗어나려 하고, 무언가 다른 얘기를 하고, 미루려고 할 것이다. 모두가 그렇지는 않지만, 누구든지 그럴 수 있다. 이렇게 설명하는 사이에 당신의 사촌에게서 메시지가 도착하더라도 할아버지는 바로 답장을 하지 않고, 당신이 방금 설명한 새로운 앱을 이해하는 일에 고집스럽게 매달릴 것이다. 아무래도 할아버지가 앱을 이해하고, 사용하고, 그러면서도 손자에게 답장을 보내려면 당신보다 훨씬 더 긴 시간이 필요해 보인다. 설명을 유심히 듣고, 여러 일을 동시에 처리하거나, 여러 과제를 처리하는 가운데 우선순위를 똑바로 정하는 것은 할아버지에게 쉽지 않은 일이다. 이는 안와전두피질과 대상회의 축소와 관련이 있다.[4,5]

그런데 스마트폰 앱에 대해 설명하는 동안에도, 당신은 방금 말해 준 내용을 할아버지가 기억하는 것 역시 어려워하는 것을 보았을 것이다. 할아버지는 방금 들은 것도 바로 잊어버릴 수 있다. 그러면 당신은 한 번 더 설명해야 한다. 아마 당신이 방금 했던 말이 할아버지의 작업 기억 속에 제대로 남아 있지 않아서 그런 일이 벌어졌을 것이다. 이는 비단 당신 할아버지만의 문제가 아니다. 공구함을 가지러 지하실에 내려갔는데, 정작 지하실에 도착하자 여기에 왜 왔는지 기억나지 않는 일은 좀 더 젊은 사람들에게도 얼마든지 일어난다. 나도 가끔 그런 경험을 하니까 말이다. 그럴 때 나는 일단 그 일을 내버려두고 다른 일을 한다. 그러면 부엌 싱크대 앞에 섰을 때 갑자기 지하실에 왜 내려가려고 했는지가 떠오른다. 그렇다, 작업 기억의 결함은 나이가 들면서 나타난다. 처음에는 조금, 나중에는 점점 더 많이. 이런 결함은 배외측 전전두피질이 축소되기 때문에 나타난다.[6,7] 그 영향은 단기 기억뿐 아니라 공간 탐색 기능에도 작용한다. 게다가 부피의 축소는 해마와 내후각피질에서도 일어난다.[3]

그와 함께 장기 기억도 여러 측면에서 약화된다. 장기 기억의 약화는 우리가 정보를 저장한 시점에 좌우될 때가 많다. 우리는 아주 오래된 일은 잘 잊지 않는다. 이 기억은 오래되기는 했지만 젊은 시절의 쌩쌩한 네트워크 속에 안정된 상태로 저장되어 있기 때문이다.[8] 문득 어릴 때 내가 처음 갖게 된 바비 인형이 떠오른다. 어떻게 생겼는지, 어떤 옷을 입고 있었는지는 지금도 정확히 기억난다. 나는 조그만 분홍색 빗으로 바비 인형의 긴 머리를 자주 빗겨 주곤 했다. 내 생애 첫 키스도 결코 잊지 못한다.[9] 하지만 10년 전쯤 전문 학원에서 배운 포토샵 프로그램에 대해서는 솔직히 말해서, 기억나는 게 많지 않다. 당시의 강사 얼굴은 아예 내 머릿속에 없다.

우리가 수십 년 동안 구축해 놓은 네트워크가 점진적으로 해체되면서, 장기 기억력도 약화된다. 평소 사용량이 너무 적고,

활동성이 떨어짐으로써 상태가 나빠진 이 네트워크들은 허물어지기 쉽다. 이런 상상을 해 보자. 교통이 차단되는 바람에 더는 관리하는 사람이 없는 도로가 있다. 이 도로의 아스팔트에는 얼마 지나지 않아 균열이 생기고, 그 틈새로 민들레가 자라고, 심지어 나중에는 자작나무 씨앗까지 뿌리내릴 수 있다. 그러다 보면 예전에 말끔하게 포장되었던 도로는 언젠가 다시 자연의 상태로 돌아간다. 여러분 중에도 방금 인지한 것을 얼마 지나지 않아 까먹거나, 방금 무슨 말을 하려고 했는지 기억하지 못하는 사람들이 있을 것이다. 전문 학계에서는 그걸 "노화 현상"이라고 부른다. 이 현상은 사람마다 정도의 차이가 있고, 발생 시점도 조금씩 다르지만[10], 이런 일이 생기면 신경과학자에게 문의해 보기 바란다.

더 빠르게, 더 멀리 산책하라

뇌의 축소를 막기 위해 우리는 무엇을 해야 할까? 마라톤 같은 과격한 운동을 자주 할 필요는 없다. 또 한 달 동안만 바짝 열심히 운동하다가 아무것도 하지 않는 속성 운동법도 효과가 입증되지 않았다. 중요한 원칙은 분명하다. 느슨하게 풀었다가 다시 빠르게 조이는 운동이 아니라, 하나의 시스템으로서 뇌의 상태를 전체적으로 꾸준히 유지시켜 주는 운동이 중요하다는 말이다. 우리가 운동으로 전체 뇌 시스템을 건강하게 유지하면 늙어서도 뇌 속의 나사는 풀리지 않는다. 이는 미국에서 299명의 노인을 대상으로 실시한 9년의 장기 연구로 증명되었다.[11] 실험을 시작할 때 피험자들의 평균 나이는 78세였다. 실험에 돌입하기 전에 연구자들은 MRI로 피험자들의 회색질 크기를 측정했고, 아울러 인지 기능도 검사했다. 그리고 피험자들에게는 전체 실험 기간 동안 운동 일지를 쓰게 했다.

 9년 뒤 다시 평가를 받은 피험자는 183명뿐이었다. 나머지는 인지 기능이 손상되었다는 판정을 받았기 때문이다. 피험자들은 어떤 강도로 운동을 해야 하는지 사전에 지침을 받지 않았기 때문에 운동 방식과 강도는 각자 다양했다. 예를 들어 짧은 거리를 천천히 걸은 사람이 있는 반면에 시간이 지나면서 속도와 거리를 점점 늘려 나간 사람도 있었다. 연구팀은 피험자들을 네 집단으로 나누었는데, 그중에서 예전과 같은 인지 기능을 유지한 집단은 평균적으로 최소 5일에 한 번 빠른 걸음으로(시속 6킬로미터) 약 12킬로미터를 걸은 사람들이었다. 효과는 거기에 그치지 않았다. 이 피험자들의 뇌는 다른 집단보다 훨씬 덜 줄어들었다. 그것도 타격받기 쉬운 해마와 내후각피질, 전전두피질 영역이 말이다. 게다가 이 피험자들은 혈압에도 문제가 없었고, 제2형 당뇨병도 앓지 않았다.

이와 관련한 수많은 연구 가운데 한 연구는 66세 정도의 노인 120명을 상대로 실험을 실시했다. 연구자들은 일반 속도로 걷기와 빠르게 걷기, 달리기 같은 운동만 효과가 있는지, 아니면 다른 종류의 육체 단련도 도움이 되는지 알고 싶어 했다. 한 집단은 1년 동안 일주일에 세 번, 한 시간 동안 유산소 걷기를 했고, 다른 집단은 같은 기간 동안 스트레칭만 했다. 그리고 1년 뒤, 더 건강해진 쪽은 걷기 집단이었다. 게다가 신경 성장 인자 수치도 더 높게 나타났다.

실험을 시작하기 전에 연구자들은 피험자들의 뇌를 스캔해 두고, 이를 1년 뒤 피험자들의 뇌와 비교했다. 이 연령대부터는 대개 해마가 매년 약 2퍼센트씩 작아진다. 그렇다면 과연 해마가 줄어드는 속도도 느려졌을까? 예상대로였다. 유산소 운동을 했던 사람들은 해마가 덜 줄어든 정도를 넘어 예전보다 더 커졌다. 공간 기억 능력이 향상된 것도 이와 관련이 있는 게 분명했다. 반면에 스트레칭만 한 집단은 해마가 예전보다 더 쪼그라들

었다.[12]

치매의 공포에서 벗어나는 법

나는 외할머니와 별로 교류가 없었다. 할머니가 이래저래 할
일이 많아서 우리 외손자들에게까지 시간을 내기가 어려웠기
때문이다. 어쨌든 나도 예전의 우리 할머니처럼 나이 들어서도
정신적으로 건강하게 살고 싶다. 내가 열다섯 살 때였다. 처음
으로 외국 여행을 떠날 계획이라고 말씀드리자 할머니는 고개
를 절레절레 흔드시더니 이렇게 말씀하셨다.

"미쳤구나!"

하지만 말은 이렇게 하시면서도 부엌 찬장으로 가더니 돌돌
말아 놓은 지폐가 들어 있는 유리병을 꺼내 10만 리라(약 330만
원)를 내게 건네셨다.

"필요할 게다. 요긴하게 쓰거라."

할머니에게나 나에게나 꽤 큰돈이었다. 그것도 할머니가 두
손으로 일해서 직접 번 전 재산이었다.

늙어서 치매에 걸려 아무것도 기억하지 못한 채 살아가는 내

모습을 상상하는 건 두렵다. 치매란 정확하게 어떻게 이해해야 할까? 이건 그 자체로만 보면 질병이 아니라 정신적, 감정적 능력의 해체에 이어 사회적 능력까지 해체되는 일련의 증상이다. 많은 신경 질환이 치매로 이어지는데 그중에서도 알츠하이머가 대표적이다. 알츠하이머는 연구가 가장 많이 이루어진 질환 중 하나다. 왜냐하면 세계적으로 상당히 폭넓게 퍼져 있는 질병이기 때문이다. 그럼에도 그에 대한 효과적인 치료법은 아직 없다. 알츠하이머가 뇌 속에서 어떤 작용을 하는지 알게 되면 최선의 해결책은 예방뿐임을 알게 될 것이다. 그렇다면 이 병은 우리의 지휘 본부에서 무슨 짓을 저지르는 것일까?

우리는 1장에서 뉴런들을 서로 연결시키고, 우리의 전체 지식과 능력을 저장하는 뇌 속의 네트워크에 대해 설명했다. 우리 인간은 바로 그런 네트워크 자체이다. 분자생물학 분야에서 박사학위를 받은 사람이건 스키 종목에서 세계 챔피언을 차지한 사람이건 간에 말이다. 우리가 지적, 육체적 능력으로 이루어낸 것은 결국 평생 구축해 놓은 뉴런들의 연결망 속에 담겨 있다. 일부 철학자와 신학자, 심지어 언어학자들은 20세기 들어서도 인간에게는 뇌와 무관하게 어딘가에 둥둥 떠 있는 정신이 있다고 가르쳤다. 하지만 분명히 말하건대 우리 몸과 동떨어진 정신은 어디에도 없다. 뇌가 곧 우리의 정신이다. 왜 그럴까?

술을 생각해 보자. 술을 너무 많이 마시면 우리의 정신 능력은 손상된다. 지각 능력, 반응 능력, 운동 능력 할 것 없이 말이다. 게다가 술에 취하면 충동을 억제하기 힘들어지고, 공격적으로 변하고, 제동 장치가 풀리고, 어린아이가 되고, 진실을 말한다. 심지어 어떤 이는 외국어도 술술 말하고[13], 어떤 이는 잘못된 결정을 내리며, 어떤 이는 고주망태가 되어 차를 몰고 집으로 돌아간다. 이 모든 것은 전문 용어로 '에탄올'이라고 부르는 알코올의 작용이다. 즉, 알코올이 우리 위 속에서 빠르게 흡수되어 혈액뇌장벽을 지나 뇌 속에서, 그러니까 세포들의 네트워크에서 일련의 작용을 일으킨 결과다. 비물질적인 정신 속에서 이루어진 결과가 아니라는 말이다. 알코올이 침투한 이 네트워크들은 '피와 살'로 이루어져 있다.

우리 뇌 속의 네트워크는 크고 작은 도로와 골목길, 횡단보도, 인도, 자전거 도로를 무수히 갖춘 대도시의 아주 복잡한 교통망과 비슷하다. 이런 도시에서는 수백만 명의 사람과 동물이 어디론가 갔다가 다시 돌아온다. 뇌 속에도 무수한 정보를 담은 소포가 뇌 표면과 내부의 네트워크를 거쳐 A지점에서 B지점으로 이동한다. 믿기 어려울 만큼 빠르게 달리는 정보의 고속도로를 타고 말이다.

　그런데 잠시 이런 상상을 해 보자. 놀라운 교통 시스템을 갖춘 도시에 갑자기 작은 운석이 열 개 떨어져 일부 도로가 망가진다. 사람들은 일단 손상된 도로를 피해 우회로를 찾고, 동시에 손상된 길을 수리한다. 그러다 보니 직장이나 슈퍼마켓으로 가는 시간은 평소보다 좀 더 걸린다. 물론 그래도 A지점에서 B지점까지 가기는 갈 수 있다. 그런데 며칠 뒤 운석이 한꺼번에 열 개가 아니라 수천 개가 떨어지면 어떻게 될까? 도시의 전체 교통망은 일제히 마비되고 말 것이다.

　우리가 알츠하이머에 걸렸을 때 뇌에서 '운석' 역할을 하는 것은 무엇일까? 바로 악명 높은 노인성 신경 반점이다. 이 반점은 베타 아밀로이드와 타우 단백질로 이루어진 침전물이다. 뇌가 건강할 경우 이 두 가지 단백질은 매우 중요한 역할을 한다. 베타 아밀로이드는 박테리아를 막고 뉴런들 간의 소통을 돕는다. 게다가 쌓이지 않고 분해된다. 타우 단백질은 미세소관, 즉 뉴런의 세포 골격을 구성하는 아주 작은 관들의 구축에 결정적인 역할을 한다. 그런데 이 두 단백질은 활발히 운반되지 않으면 쌓이게 되고, 이러면 축삭돌기와 수상돌기가 해를 입는다. 그로써 세포들은 더 이상 소통하지 못하고 죽어버리며, 뇌의 부피는 줄어든다.

 문제는 이 두 가지 단백질뿐만이 아니다. 뉴런의 작은 발전소인 미토콘드리아의 물질대사에도 이상이 생긴다. 그로 인해 유리기(라디칼), 즉 위의 단백질들과 마찬가지로 세포에 해를 끼치는 산소 화합물(활성 산소)이 생산된다. 이 화합물과 또 다른 부산물들은 시간이 지나면서 우리의 인지 기능과 다른 네트워크를 파괴한다.

 알츠하이머의 원인에 관해서는 수많은 이론이 있지만, 내가 보기에 가장 설득력이 있는 것은 '글림프 시스템 이론'이다. 이것은 비교적 최신 이론으로, 덴마크의 신경생물학자 마이켄 네데르고르Maiken Nedergaard가 내세웠다.[14] '글림프'라는 말은 신경아교세포Glia와 림프액의 합성어이다. 네데르고르는 2012년 처음으로 뇌의 물질대사 과정에서 생긴 유해 물질과 침전물을 치우는 청소 시스템이 우리 뇌와 척수 속에 있음을 발견했다.[15] 이것은 혈관 벽에 달라붙은 신경아교세포로 이루어진 혈관 청소 시스템인데,[16] 만일 글림프 시스템의 이런 청소 기능이 젊을 때처럼 활발하게 돌아가지 않으면 침전물이 생기게 되고, 시간이 흐르며 이 침전물이 우리의 머릿속 네트워크를 파괴한다.

 혹시 여러분도 이런 아이디어가 떠오르는가? 글림프 시스템은 운동으로 건강하게 유지할 수 있지 않을까 하는 생각 말이다. 중국 중산 대학 연구자들도 비슷한 생각으로 늙은 실험실 쥐들의 우리에 쳇바퀴를 설치했다. 그전에 연구자들은 쥐들을 상대로 수중 미로 테스트를 했다. 수면 바로 아래에 미로가 있고, 미로 중앙에 작은 플랫폼이 있는 수조였다. 쥐는 자발적으로 수영을 하는 녀석들이 아니기 때문에 항상 육지를 찾는다. 만일 공간 기억력이 좋은 녀석들, 그러니까 해마 속의 격자 세포와 자리 세포가 건강한 녀석들이라면 발이 닿지 않는 미로에서 길을 기억하고, 짧은 시간 안에 플랫폼을 찾을 것이다. 하지만 벌써 치매가 진행 중이고, 해마에 노인성 신경 반점이 생긴 녀석들은 수중 미로에서 플랫폼을 찾는 데 당연히 어려움을 겪을 것이고, 그래서 자신들이 현재 있는 공간만 빙빙 돌 것이다.

중국의 실험쥐들은 첫 수중 미로 테스트에서 퍽 안 좋은 성적을 거뒀다. 형광 꼬리표라는 특수 기법으로 뇌를 조사해 보니 빽빽하게 자리 잡은 노인성 신경 반점도 확인되었다. 그런데 다른 쥐들보다 운동을 좋아하는 녀석들도 더러 있었다. 이 녀석들은 계속해서 자발적으로 쳇바퀴를 타러 갔다. 반면에 인간으로 치면 소파에 앉아 감자칩만 먹는 유형의 쥐들은 쳇바퀴를 탈 생각을 하지 않았다.

6주 후 연구자들은 모든 쥐를 다시 한번 수중 미로에 넣었다. 예상대로 쳇바퀴를 즐겨 탄 녀석들이 게으름뱅이들보다 훨씬 성적이 좋았다. 과학자들은 살아 있는 뇌 조직의 깊숙한 곳까지 들여다볼 수 있는 "이광자 여기勵起 현미경"으로 쥐들의 뇌를 다시 한번 검사했다. 운동을 많이 한 녀석들은 실제로 뇌 속의 유해 물질을 제거하는 글림프 시스템의 상태가 좋아졌을 뿐 아니라 노인성 신경 반점까지 축소되었다.[17] 2018년 초에는 다른 연구팀도 비슷한 결과를 보여 주었다. 이번에는 젊은 쥐들을 5주 동안 하루에 6킬로미터씩 뛰게 한 실험이었다.[18]

이런 실험 결과들이 의미하는 것은 분명하다. 우리 뇌의 노폐물은 운동을 통해 적극적으로 청소할 수 있다는 것이다. 운동하는 날이 많아질수록 효과는 더 커지며, 1년 365일 동안 매일 운동하는 것이 가장 좋다.

늦었다고 생각할 때가 가장 빠르다

나는 "나랑은 상관없어요!"라는 말을 얼마나 자주 듣는지 모른다. 게다가 뒤에는 대개 이런 말이 따른다.

"뭘 바꾸기엔 난 이미 너무 늙었어요."

　그러면 나는 단호하게 아니라고, 너무 늦지 않았다고 말한다. 중증 알츠하이머 환자도 걷는 것만으로 상당히 도움이 된다고도 말한다. 제노바 대학의 연구자 마시모 벤투렐리Massimo Venturelli는 기구 위에서 매일 걸으면 인지 능력의 퇴화를 막을 수 있는지 알고 싶어 했다. 그는 이전에 이미 자발적으로 걷는 환자들이 덜 우울해하고, 스스로 씻기와 밥 먹기 같은 일상적인 일을 더 잘 수행하는 것을 관찰했다. 79~84세 환자 21명이 6개월 동안의 실험에 참가했다. 절반은 일주일에 네 번 기구에서 걸었고, 다른 절반은 일상생활에서 필요한 수준으로만 움직였다. 실험 전후로 환자들은 "간이 정신 상태 검사MMSE"를 받았다. 기억력, 언어 구사력, 언어 이해력, 시공간 인지 능력, 기본적인 수준의 쓰기와 읽기, 그리기, 계산하기를 측정하는 검사였다. 기구에서 걸었던 환자들은 이런 간단한 조처만으로도 일상생활을 수행하는 능력이 23퍼센트 정도 개선되었다. 게다가 간이 정신 상태 검사Mini-Mental-Status-Test에서도 좋은 성적을 냈다. 걷기 운동을 했던 사람들은 인지 능력이 13퍼센트밖에 감소되지 않았지만, 운동을 하지 않은 사람들은 무려 47퍼센트나 감소되었다. 불과 반년 만에 말이다. 병원에서 신경과학자로 일하는 벤투렐리와 그 동료들은 이 결과를 바탕으로 알츠하이머 증상을 완화하기 위한 방법으로 운동을 적극 추천했다. 최근에 출간된 한 논문도 운동이 뇌의 유연성을 얼마나 향상시키고, 혈관 생성과 미토콘드리아의 기능을 얼마나 개선하는지 밝혀냈다.[19] 이런 결과들을 종합하면 운동을 시작하는 건 누구에게도 늦지 않다. 지금 이 책을 읽는 사람에게도, 읽고 있지 않은 사람에게도 말이다.

스트레스가 나이 든 뇌를 무너뜨린다

노년기에 접어들면 직장 생활로 인한 스트레스는 없다. 그렇다면 스트레스의 주요 원인 하나는 자동으로 차단되는 셈이다. 반면에 배우자의 상실이나 가정 내 불화, 요양원 입원과 같은 다른 요소들이 코르티솔의 작용을 통해 늙어 가는 뇌에 위해를 가한다. 이는 비단 해마가 공격을 받음으로써 기억력이 좀 더 약해지는 것에 그치지 않는다. 우리가 이 책에서 살펴보았던 앞뇌의 중요한 인지 기능들, 그중에서도 특히 인지적 통제와 결정 내리기, 주의력 조절 같은 기능도 심각한 타격을 입는다.[20] 스트레스 저항력 문제를 깊이 연구해 온 미국 과학자 브루스 멕쿠엔 Bruce McEwen은 생애 주기마다 뇌의 재생력이 다르다는 것을 보여주었다. 아래 그림에서 나타나듯 코르티솔은 수상돌기 가지의 생성에 영향을 끼친다. 돌기는 점점 짧아지고, 나중에 시냅스가 자라게 될 수상돌기 가시의 수도 차츰 줄어든다. 스트레스가 멈추면 뇌는 다시 재생될 수 있다. 그러나 재생 정도는 나이에 따라 다르다. 청년기의 수상돌기 나무는 한 번 손상되더라도 돌기들이 처음 수준으로 다시 빠르게 자라면서 회복된다. 중년기에는 수상돌기가 자라기는 하지만 원래만큼 길게 자라지는 못한

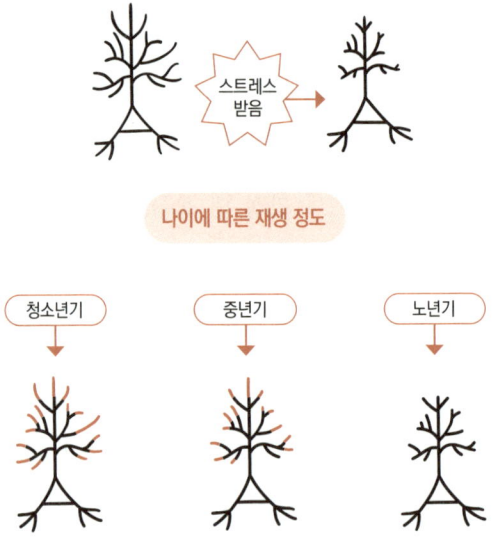

다. 그러다 노년이 되면 수상돌기는 아예 자라지 않게 된다. 하지만 스트레스가 나중에 시냅스로 변하게 될 수상돌기 가시들에 끼치는 영향은 연령대와 상관없이 동일하다. 즉 수상돌기 가시의 수는 스트레스 이전보다 줄어든 채로 계속 유지되는 것이다. 스트레스가 우리 뇌에 흔적을 남긴다는 것은 우리도 이미 알고 있다. 하지만 노년이 되면 스트레스의 영향은 아주 심각해진다. 따라서 트라우마로 인해 노인들의 인지 기능이 퇴화되거나, 인지 기능이 갑자기 확 나빠지는 것은 결코 이상한 일이 아니다.

 이것은 변할 여지가 없는 최종 결론일까? 아니다. 물론 운동을 하지 않는다면 누구나 그렇게 될 수 있다. 이를 증명한 연구는 수없이 많지만, 그중에서도 다른 쥐들에 비해 특별한 점을 갖고 있는 늙은 쥐들에 대한 한 실험을 소개하겠다.[21] 이 쥐들은 실험 기간에만 스트레스를 받은 것이 아니라 태어날 때부터 스트레스 상황에 노출되어 있었다. 태어나자마자 어미와 분리되었기 때문이다. 어릴 때부터 정서적 스트레스에 시달린 쥐들의 뇌와 행동에 변화가 생겼을까? 그랬다. 이 녀석들은 무엇보다 몸의 물질대사 체계가 불균형했고, 그 결과 우울증 경향도 심했다. 연구자들은 운동이 이런 현상에 긍정적인 작용을 하는지,

또 쥐들의 정신 상태에 도움이 되는지 관찰하고 싶었다. 그래서 실험 집단 절반의 우리에 쳇바퀴를 설치했다. 이 우리에 사는 녀석들도 많은 스트레스를 받았지만 꾸준히 운동을 하며 성장했다. 과학자들은 운동이 코르티솔 수치와 신경 성장 인자 수치, 그리고 노년의 우울증에 영향을 끼칠 거라고 기대했다. 이 가설은 최소한 일부는 사실로 확인되었다. 동물들의 뇌와 행동에 변화가 나타난 것이다. 과학자들은 우울감을 측정하기 위해 수영을 이용했다. 쳇바퀴를 타지 않은 쥐들은 우울해했고, 그래서 수영할 생각을 하지 않았다. 물론 쳇바퀴를 탄 쥐들도 수영을 하려고 하지 않았지만, 일단 물에 내려놓으면 다른 녀석들보다 훨씬 활발하게 수영을 했다. 그러니까 우울증 상태가 아니었다는 말이다. 다만 코르티솔 수치는 두 집단 모두 굉장히 높게 나타났다. 스트레스가 한 번도 멈추지 않았다는 뜻이다. 흥미로운 사실은, 운동을 한 쥐들의 경우 몇몇 뇌 영역에서 신경 성장 인자가 눈에 띄게 많았고, 그로써 우울한 감정이 그들에게 별로 해를 끼치지 못했다. 이 실험이 보여 주는 것은 분명하다. 신경 성장 인자는 코르티솔의 부정적인 영향, 즉 수상돌기의 가지 증가에 대한 악영향을 운동이라는 "거름"으로 저지했다는 것이다. 또다시 우리 모두에게 희망적인 소식이다.

어쩌면 여러분은 우리 외할머니가 항상 많이 움직인 것 말고 식사도 건강하게 해서 육체적으로나 정신적으로 건강했을 거라고 생각할지 모르겠다. 할머니는 원래 베네토 지방 출신이어서 파스타나 빵, 피자가 아니라 폴렌타, 즉 옥수수죽을 주식으로 먹었다. 거기다 대개 토끼고기 스튜나 닭고기 스튜를 요리해서 냄비가 바닥을 드러낼 때까지 먹었다. 당연히 그전에 토끼와 닭을 잡아 껍질을 벗기고 내장을 꺼내는 것도 손수 했다. 가끔은 폴렌타에다 버터와 치즈를 올려 오븐에다 굽기도 했다. 이 모든 음식의 칼로리가 얼마나 되는지는 당연히 할머니도 몰랐을 것이다. 다만 할머니에게는 근력이 필요했다. 하루 종일 텃밭과 축사를 돌며 힘들게 일하고, 외출할 일이 있어도 항상 걸어서 움직였기 때문이다.

만성 스트레스, 우울증 그리고 알츠하이머

제목만 들어도 우울해진다. 그런데 이런 나쁜 소식들의 최고봉은 무엇일까? 우울한 사람은 알츠하이머에 걸릴 위험이 더 높다는 것이다. 이건 지금까지의 지식만으로도 충분히 공감할 수 있다. 코르티솔이 상시적으로 영향을 끼치면 우리 뇌 체계의 균형은 깨진다. 수상돌기는 손상되고, 해마와 전전두피질의 수상돌기 가시의 밀도도 점점 떨어진다. 비유적으로 설명하자면, 이는 사막화가 진행된 대초원과 비슷하다. 여기엔 더 이상 싱그러운 풀이 자라지 않고, 땅도 무르지 않다. 그 비옥하던 초원이 모래 바닥에 드문드문 풀덤불밖에 자라지 않는 삭막하고 메마른 땅으로 변해 버리는 것이다. 나는 2005년 배낭여행 중에 탄자니아의 황량한 지역에서 그런 땅을 보았다. 이후 나는 아프리카를 더 잘 이해하게 되었다. 당시 마사이족은 소들을 웬만큼 배불리 먹이려면 소떼를 몰고 하루에 약 70킬로미터를 오가야 했다. 코르티솔의 영향으로 수상돌기의 가지들이 잘려 나간 우리 뇌의 표면도 그런 황량한 모습이 아닐까?

이 거대한 파괴의 무대 위에서 우울한 뇌를 알츠하이머 뇌로 바꾸는 과정을 주도하는 것은 염증을 촉진하는 사이토카인이다.[22] 사이토카인은 면역 세포가 뇌 체계로 보내는, 신호 작용을 하는 분자다. 면역 세포는 어딘가에 이상이 있음을 감지하면 선발 부대 격인 사이토카인을 보내 문제가 되는 곳에 염증을 일으킨다. 염증은 처음엔 외부에서 들어온 박테리아 같은 유해 물질을 죽이는 중요한 임무를 수행한다. 그에 대한 일상 속 예를 들어 보자. 우리는 한 번쯤 몸에 나무 가시가 박히는 일을 경험한다. 만일 그 가시에 박테리아가 묻어 있으면 대개 그 가시 주변으로 염증이 생기면서 상처 부위가 빨개지고 뜨거워진다. 그러면 박테리아는 그렇게 뜨거워진 온도의 영향으로 죽는다. 연구자들은 염증을 촉진하는 사이토카인이 해마에서 작은 염증을 무수히 일으키고, 신경 생성을 억제한다고 본다. 그뿐이 아니다. 염증은 코르티솔의 악영향에 더해 신경을 해치고 죽인다.

  알츠하이머에 대한 연구들을 살펴보면 우리 뇌 여러 곳에서는 싸움이 진행되고 있고, 이때 초점은 항상 단 하나의 현상, 예를 들어 염증처럼 저지하거나 촉진하려고 하는 현상에 맞추어져 있음을 알 수 있다. 대부분의 가정에 상비약으로 구비되어 있는 비스테로이드성 염증 억제제, 이부프로펜이 노인성 신경 반점을 뚜렷이 감소시킨다는 것은 유전자 조작으로 알츠하이머를 앓게 만든 쥐들을 대상으로 한 실험으로 밝혀졌다.[23] 이는 염증이 뇌에서 핵심적인 역할을 한다는 것에 대한 증거로 받아들여졌다. 연구자들이 이런 생각에 이르게 된 것은 비스테로이드성 염증 억제제를 많이 복용한 류머티즘 환자들의 경우 알츠하이머에 걸릴 가능성이 현저히 떨어지는 것을 관찰했기 때문이다. 하지만 그 둘의 뚜렷한 관련성에도 불구하고 최신 연구들에 따르면[24] 인간에게까지 그 효과가 분명히 입증되지는 않은 것으로 보인다. 게다가 그런 약의 복용량과 복용 기간, 그리고 그와 연관된 염증 억제제의 장기적 위험성에 대해서도 아직 명확하게 밝혀진 것이 없다.[25] 다만 확실하게 말할 수 있는 건 이 약을 알츠하이머 예방 차원에서 류머티즘 환자만큼 많이 복용한다면 틀림없이 무수한 부작용이 따를 거라는 사실이다.

어떤 치료를 하든 운동을 피해갈 수는 없다. 운동은 부작용이 전혀 없는 유일한 치료 방법으로, 우리 뇌 속의 나사 몇 개만 조이는 데 그치지 않고 매우 유기적으로 작용한다. 이런 내용을 내가 강의실에서 설명하면 학생들은 나름 일리 있는 질문을 던진다. 대항 물질의 투입으로 코르티솔의 작용을 간단히 상쇄할 수는 없느냐는 것이다. 물론 그렇게 하면 문제를 근본적으로 해결할 수 있다. 코르티솔을 막으면 우울증이 생기지 않고, 우울증을 막으면 알츠하이머도 생기지 않을 테니까 말이다. 그게 그리 간단한 일이라면 충분히 생각해 볼 만하다. 하지만 그건 불가능하다. 코르티솔의 기능이 마비되면 우리는 위기 상황에서 더 이상 적절하게 반응하지 못할 것이기 때문이다. 예를 들어 우리는 적들로부터 스스로를 지키지 못할 수도 있고, 심지어 더 일찍 죽을 수도 있다. 따라서 진화론적으로 보면 코르티솔을 제거하는 것은 우리에게 도움이 되지 않는다.

몸이 둔해지면 생각도 둔해진다

재미있는 이야기를 하나 하겠다. 젊은 나이에 결혼한 나는 남편을 위해 즐겨 요리를 했다. 주로 이탈리아 음식이었다. 한번은 토스카나로 휴가를 떠났다. 남편은 수영장이 있는 숙소를 비디오로 구석구석 촬영했다. 집에 돌아와 우리는 함께 비디오를 돌려보았다. 선베드에 누워 있는 한 여자가 카메라에 잡혔다. 허리와 엉덩이에 군살이 덕지덕지 붙어 있었다. 그런데 희한하게도 나와 똑같은 비키니를 입고 있었다. 여자가 물속에 들어가려고 선베드에서 일어서는 순간 나는 소스라치게 놀랐다. 그 여자는 바로 나였다! 그날 이후에도 나는 남편에게 계속 이탈리아 음식을 만들어 주었지만, 내가 먹는 양은 반으로 줄였다. 그렇게 몇 개월 뒤 내 몸에 가장 이상적인 몸무게를 다시 회복할 수 있었다.

여자들이 자주 하는 소리가 있다. 임신 중에 쪘던 살이 아직도 빠지지 않는다거나, 나잇살이 붙는 건 어쩔 수 없다는 하는 말이다. 일부는 맞는 말이고, 경우마다 조금씩 다르기도 하다. 하지만 어느 연령대건 상관없이 해당되며, 특히 노년에는 더더욱 유념해야 할 이야기가 있다. 바로 과체중이 뇌에 부정적인 영향을 끼친다는 사실이다. 2015년의 한 연구에 따르면[26] 40~50세 중년의 과체중은 말년의 정신적 노화를 가속화한다고 한다. 그렇다면 알츠하이머나 혈관성 치매 같은 혈액 순환 장애와 관련 있는 질병의 발생 위험은 높아진다. 이것들은 노년에 잘 생기는 병이다. 혈관이 막히거나 터지기 때문이다. 혈관이 막히면 혈관은 신경세포에 더 이상 산소와 영양을 제대로 공급하지 못하고, 혈관이 터지면 혈종이 생기는 바람에 그 아래에 깔린 신경세포는 망가지고 만다.

이 책의 주제는 아름다운 몸매가 아니다. 나는 항상 스스로에게 이렇게 다짐한다. 내가 달리는 것은 몸매를 위해서가 아니라고. 이 생각은 확고하고, 나는 항상 그것을 되새긴다. 과체중은 뇌를 쪼그라들게 하고[27], 회색질(뉴런)과[28] 백색질(축삭돌기와 신경아교세포)을 줄어들게 한다.[29] 백색질의 상실은 염증 과정을 통해 일어나는데, 염증은 세포 돌기의 미엘린층을 파괴한다.[30] 이런 일은 정말 피해야 하지 않겠는가?

스탠리 콜콤브Stanley Colcombe 연구팀은 노년층 59명에게 6개월 동안 서로 다른 운동을 시켰다.[31] 3분의 1은 적당한 강도의 유산소 운동(걷기)을 했고, 3분의 1은 스트레칭 운동, 나머지 3분의 1은 근력 운동을 했다. 반년 뒤 과학자들은 걷기 집단에서 앞뇌의 몇몇 영역이 눈에 띄게 커진 것을 확인할 수 있었다. 반면에 운동을 하지 않은 통제 집단은 뇌 부피가 더 줄어들었다. 늙어 가는 뇌의 전형적인 모습이다.

다른 실험에서도 70명의 노인에게 1년 동안 여러 가지 운동을 나누어 시킨 다음 그들의 백색질을 조사했다. 피험자들은 하루에 10분씩 운동을 시작했고, 시간이 가면서 차츰 운동 시간을 5분씩 늘려 나갔다. 그러다 마지막에는 매일 40분간 운동을 했다. 이 실험에서도 과학자들은 1년 뒤 백색질의 개선을 확인했다. 특히 심혈관순환계의 건강성과 관련이 있는 전전두 영역에서 말이다.[32]

이처럼 뇌 상태는 누구에게도 상관없는 일이 아니고 방치해서도 안 된다. 이는 체질량 지수도 마찬가지다. 우리는 늙어서도 정신적 능력을 유지하고 싶어 한다. 삶의 어떤 시기에서건 우리의 뇌를 아무 부작용 없이 "고쳐줄" 수 있는 건 운동뿐이다. 명심하라!

소식의 놀라운 효과

"나는 너무 뚱뚱해. 그래서 운동할 수가 없어. 운동할 수가 없으니까, 뚱뚱할 수밖에 없어."

이 악순환을 끊는 유일한 방법은 체중 감량이다. 수많은 다이어트 방법이 난무하는 정보 홍수의 세계에서 우리는 과연 어떻게 이상적인 체중에 도달할 수 있을까? 결론 도출에 중요한 단서가 될 만한 한 연구를 소개하겠다. 위스콘신의 원숭이 연구가 그것이다. 우선 아래의 그림을 살펴보자. 두 종류의 원숭이가

출처: Colman et al. Science (2009)

보인다. 표정과 체형, 자세에서 어떤 차이가 보이는가?

칼로리를 적게 섭취하면 포유류의 수명이 길어질 수 있다는 것은 1930년대부터 이미 학계의 일관된 의견이었다. 물론 대부분의 연구가 쥐를 대상으로 한 것이다 보니 그 결과를 인간에게 바로 적용하는 것은 망설여질 수밖에 없었다. 그런 이유로 위스콘신 국립 영장류 연구소는 1989년 우리와 가까운 혈통인 히말라야원숭이로 실험을 해 보기로 결정했다. 총 60마리의 원숭이 중에서 절반은 정량의 식사를 먹었고, 다른 절반은 평생 동안 칼로리를 30퍼센트 줄인 음식을 받았다. 예상한 대로였다. 칼로리를 적게 섭취한 동물들이 더 오래 살았다. 몇몇 암과 심혈관 질환에 걸린 비율도 최소 절반가량 낮았다. 적게 먹은 원숭이 중 당뇨병에 걸린 원숭이는 하나도 없었다. 반면에 정량을 먹은 원숭이들은 30마리 가운데 19마리가 당뇨병에 걸렸다. 생각해 봐야 할 문제다.

하지만 우리의 가장 큰 관심은 뇌의 차이다. 두 집단의 뇌에서도 차이가 나타났을까? 그랬다. 그것도 확연한 차이였다. 인간과 마찬가지로 원숭이들도 세월의 흐름에 따라 모두 뇌가 쪼그라들었다. 그런데 유독 저칼로리 식사를 한 원숭이들만 주요 뇌 부위가 훨씬 덜 줄어들어 있었다. 도파민 생성 영역과 섬피질,

그리고 인지적 통제 영역이 그랬다. 결국 소식한 원숭이들에게는 큰 이득이 있었다. 다른 원숭이들에 비해 신체와 정신이 훨씬 건강했던 것이다. 그렇다면 이제 이런 결론을 내릴 수 있다. 예부터 내려오는 "반만 먹어라!"는 소식 요법이 최선이라는 것이다! 앞서 그림에서 보이는 두 원숭이의 차이는 여러분도 찾아냈을 것이다. 거기다 당신이 모르는 한 가지 사실을 덧붙이자면, 둘은 나이가 같다. 다만 왼쪽 원숭이는 정량의 식사를 했고, 오른쪽 원숭이는 소식을 했다. 내 연구실 동료 마렌이 이 결과를 봤더라면 분명 이렇게 말했을 것이다. "브라보!"

왜 이런 차이가 벌어졌는지는 최근에 발표된 한 연구가 잘 설명하고 있다.[34] 연구 결과를 몇 마디로 요약하면 다음과 같다. 칼로리 섭취량을 줄이면 신체 세포의 산화 스트레스가 줄고, 미토콘드리아의 기능이 강화되며 염증이 억제되고, 신경 생성과 시냅스 생성이 촉진된다. 결국 더하기가 아니라 빼기가 답이다!

수도원 담장을 넘지 못한 알츠하이머

인터넷 검색창에 "수녀 연구 The Nun Study"를 쳐 보라. 노트르담 수녀회 소속의 교육 수녀들에 관한 흥미로운 이야기를 담은 비디오들이 쏟아질 것이다. 노트르담 수녀회 수도원은 미국에서 학교를 운영하는 곳으로 2000년대 초에 세계적으로 주목을 받았다. 이곳 수녀들은 역학적인 측면에서 눈길을 끌었다. 이들이 엄청나게 많은 양의 염증 억제제를 복용하고 있었기 때문이다. 이 교단에는 80~111세 사이의 늙은 여성이 유독 많았는데, 그에 착안해 노화 연구자 데이비드 스노든David Snowdon은 1986년에 678명의 수녀들을 대상으로 대규모 연구에 착수했다.

정신 건강 상태를 조사해 보니 수녀들은 수도원 담장 너머의 일반 여성들에 비해 치매에 걸린 비율이 훨씬 낮았다. 연구자들은 이 현상을 처음엔 수녀들의 규칙적이고 건강한 생활 방식 덕분이라고 생각했다. 즉 술과 마약을 입에 대지 않는 생활 습관, 안정적으로 보호받는 삶의 환경, 그리고 자식을 낳지 않아 평생 일정하게 유지되는 호르몬 변동을 원인으로 지목한 것이다. 또한 교육 수녀들이 평생 학문을 다루어 온 것도 그에 영향을 미쳤다고 생각했다.[35] 왜냐하면 유독 대학을 다니지 않은 수녀들만 간이 정신 상태 검사 성적이 좋지 않았기 때문이다. 게다가 수녀들은 아흔 살이건 백 살이건 공동체 활동에 늘 적극적이었다. 손에서 일을 놓은 적이 한 번도 없었다. 예를 들어 수녀회 소속의 학교 상점에서 일을 거들든지, 아니면 병든 동료를 돌보는 등 몸이 허락할 때까지 계속 일했다. 그래서 노화 연구자들은 처음엔 수녀들의 이런 생활 방식 때문에 신경 퇴화, 즉 악명 높은 알츠하이머성 신경 반점이 생기지 않는다고 생각했다.

많은 수녀들이 사후에 자신의 뇌를 검사하는 데 동의했다. 신경병리학자들은 수녀들의 뇌에서 알츠하이머의 징후가 전혀 없거나, 있더라도 아주 조금만 있을 거라고 예상했다. 그러나 놀랍게도 그렇지 않았다. 수녀들의 뇌에서도 알츠하이머성 신경 반점이 발견되었다. 그렇다면 그것이 어떻게 알츠하이머로 발현되지 않았을까? 신경 반점이 뇌에 실질적으로 나쁜 영향을 끼치지 않은 것은 분명했다. 일에서 완전히 손을 놓고, 과체중이고, 담배[36]를 비롯해 몸에 안 좋은 다른 독성 물질을 포기하지 않고, 지적 활동을 거의 하지 않고, 지금껏 살아오면서 직장이나 사생활에서 더 많은 스트레스를 받았을 수도원 담장 너머의 동년배 여성들에 비해서 말이다.

스노든은 메리 수녀의 사례를 중점적으로 다룬 논문을 발표했는데, 거기엔 모두가 깜짝 놀랄 만한 역설적인 연구 결과가 담겨 있었다. 101살에 숨을 거둔 메리 수녀는 뇌 속에 신경 반점이 많았지만, 그것이 치매로 나타나지는 않은 것이다![37] 그렇다면 우리도 모두 수도원으로 들어가야 할까? 그건 당연히 아니다. 앞서 말한 비디오 중에는 아흔이 넘은 노인들이 홈트레이닝 기구에서 매일 운동하는 비디오들도 있다. 그렇다면 수도원 담장 너머에서도 그런 기적이 일어날 가능성은 얼마든지 있다. 그렇지 않은가?

리타 레비 몬탈치니가 100세 생일을 맞아 전 세계 방송국들과 인터뷰한 수많은 영상도 인터넷으로 볼 수 있다. 나는 그녀가 자신의 모국어인 이탈리아어로 인터뷰하는 것을 유심히 지켜보았다. 나도 이탈리아어를 모국어로 쓰는 사람이기에 그 내용을 가장 잘 평가할 수 있었다. 또렷한 정신, 관련성을 적절히 포착해 내는 정신적 능력, 여전히 뇌 속에 저장되어 있는 탁월한 지식이 눈에 띄었다. 위대한 학문적 성취를 넘어 그녀는 우리 인간이 늙어서도 체중을 적절히 유지하면 정신적으로 흐트러지지 않고 능동적으로 살 수 있음을 보여 준 생생한 증거였다. 실제로 레비 몬탈치니는 죽을 때까지 수많은 명예직을 맡았다. 이탈리아의 종신 상원의원직도 그중 하나였는데, 2012년 로마에서 103세의 나이로 세상을 떠날 때까지 상원 회의에 거의 빠지는 법이 없었다고 한다. 이만큼 감동적인 삶이 있을까!

나의 외할머니는 평생 가축을 돌보고 밭을 일구며 살아간 소박한 농부였다. 85세에 돌아가셨으니 그리 오래 살았다고 할 수는 없지만, 생전에 병으로 고생한 적은 없었다. 나는 그게 늘 바쁘게 움직이며 살아간 생활 방식 덕분이라고 확신한다. 나도 이제 그렇게 살고 있고, 나이가 들어도 할머니처럼 살 것이다. 고마워요, 할머니!

이 책이 나오기까지 내 삶의 길에서 여러모로 긍정적인 영향을 주셨던 분들이 있다. 그분들에게 진심 어린 감사를 드릴 시간이다.

마렌은 내가 새로운 삶으로 나아가고 이 책을 쓸 수 있도록 영감을 주었다. 또한 라이프치히 시절을 같이한 나의 파트너이자 철인 3종 경기 선수였던 미하엘은 겨울에는 추운 날씨와 눈보라 속에서, 여름에는 무더운 날씨와 쏟아지는 빗속에서도 내가 밖으로 나가 달릴 수 있도록 격려해 주었다. 베르티와 마리아, 헬무트는 운동과 건강한 식생활, 정신적 건강 면에서 내 삶에 좋은 본보기가 되어 주었으며, 잉게와 안디는 우리가 저녁에 모여 함께 웃고 떠드는 시간이 워낙 많아 운동하는 것이 쉽지 않았을 텐데도 그 길을 꾸준히 나아갔다.

카티는 내가 운동해야 한다는 이유로 극장에 가자는 제안을 뿌리친 것을 너그럽게 이해해 주었고, 내가 이 책에서 풀어 놓은 지식이 그녀가 의사로서 관찰한 바와 일치한다는 사실을 거듭 확인해 주었다. 페터는 늘 그의 지성과 다정함을 발휘해 겸손히 나의 생각을 따라 주었고, 내 원고를 존중하며 차분히 읽어 준 독자였다.

막스플랑크 신경과학연구소 소장인 앙겔라 프리데리키는 나의 학문적 우상이다. 나는 이 책에 담긴 지식을 대부분 라이프치히에서 연구하던 시절에 얻었는데, 여기에는 프리데리키 소장을 비롯해 내가 운 좋게 만난 세계적인 지성들과의 교류가 큰 역할을 했다.

끝으로 이 책이 출간되기까지 나를 열성적으로 이끌어 주고, 내 지식과 경험을 독자 여러분과 나누는 데 큰 도움을 준 울리 슈타인벤더와 브란트슈태터 출판사 편집부에도 특별한 감사를 전한다.

진심을 담아, 마누엘라 마케도니아

1장

1. Broca, P. Remarques sur le siège de la faculté du langage articulé. Bull Soc Anat 6, 330–357 (1861).

2. Wernicke, C. Der aphasische Symptomencomplex. (Springer-Verlag, 1874).

3. Brodmann, K. Vergleichende Lokalisationslehre der Grosshirnrinde. In ihren Principien dargestellt auf Grund des Zellenbaues. (Johann Ambrosius Barth Verlag, 1909).

4. Goucha, T. & Friederici, A. D. The language skeleton after dissecting meaning: A functional segregation within Broca's Area. Neuroimage 114, 294–302 (2015).

5. Ardila, A. et al. Should Broca's area include Brodmann area 47? Psicothema 29, 73–77 (2017).

6. Kraschl, D. Das Leib-Seele-Problem als Ausdruck menschlicher Geschöpflichkeit. Neue Zeitschrift für Systematische Theologie und Religionsphilosophie 399–417 (2011).

7. Waß, B. Das Leib-Seele-Problem und die Metaphysik des Materiellen. 73–100 (2013).

8. Descartes, R. A discourse on method: meditations on the first philosophy principles of philosophy. (London: Dent, 1912 (1992 [printing]), 1637).

9. Descartes, R. Selected Philosophical Writings. 20–56 (1988).

10. Skinner, B. F. Verbal behavior. (Appleton-Century-Crofts, 1957).

11. Bracken, H. Chomsky's Language and Mind. Dialogue 236–247 (1970).

12. Berwick et al. Evolution, brain, and the nature of language. Trends Cogn. Sci. (Regul. Ed.) 17, 89–98 (2013).

13. Franke et al. The case of pharmacological neuroenhancement:

medical, judicial and ethical aspects from a german perspective. Pharmacopsychiatry 48, 256–264 (2015).

14. Meredith, C. W. et al. Implications of chronic methamphetamine use: a literature review. Harvard review of Psychiatry 13, 141–154 (2005).

15. Times, C.-B. Brain enhancement is wrong, right. The New York Times (2008).

16. Kable, J. W. et al. No Effect of Commercial Cognitive Training on Brain Activity, Choice Behavior, or Cognitive Performance. Journal of Neuroscience 37, 7390–7402 (2017).

17. Goghari, V. M. & Lawlor-Savage, L. Comparison of cognitive change after working memory training and logic and planning training in healthy older adults. Frontiers in aging neuroscience (2017).

18. Iuvenalis, D.I. Liber Satyrarum.

2장

1. Murray, E. A. & Wise, S. P. Why is there a special issue on perirhinal cortex in a journal called hippocampus? The perirhinal cortex in historical perspective. Hippocampus 22, 1941–1951 (2012).

2. Andersen, P. The hippocampus book. (Oxford University Press, 2007).

3. Conway, A. R. et al. Working memory span tasks: A methodological review and user's guide. Psychonomic Bulletin Review 12, 769–786 (2005).

4. Miller, G. A. The magical number seven, plus or minus two: some limits on our capacity for processing information. Psychological Review 63, 81–97 (1956).

5. Cowan, N. The magical mystery four: How is working memory capacity limited, and why? Current Directions in Psychological Science 1, 51–57 (2010).

6. Chadwick, M. J. et al. Decoding individual episodic memory traces in the human hippocampus. Current Biology 20, 544–547 (2010).

7. O'Keefe, J. & Dostrovsky, J. The hippocampus as a spatial map: Preliminary evidence from unit activity in the freely-moving rat. Brain research 34, 171–175 (1971).

8. Hartley, T. et al. Space in the brain: how the hippocampal formation supports spatial cognition. Philos. Trans. R. Soc. Lond., B, Biol. Sci. 369, 201–205 (2014).

9. Zhang, S. & Manahan-Vaughan, D. Spatial olfactory learning contributes to place field formation in the hippocampus. Cerebral Cortex 25, 243–432 (2013).

10. Adrian, E. D. The Mechanism of Nervous Action, Electrical Studies of the Neurone. The Mechanism of Nervous Action (Oxford University Press, 1932).

11. Hafting, T. et al. Microstructure of a spatial map in the entorhinal cortex. Nature 436, 801–806 (2005).

12. Fyhn, M. et al. Hippocampal remapping and grid realignment in entorhinal cortex. Nature 446, 190–194 (2007).

13. Moser, E. I. et al. Place cells, grid cells, and the brain's spatial representation system. Annu. Rev. Neurosci. 31, 69–89 (2008).

14. Dudchenko, P. A. & Wood, E. R. Place fields and the cognitive map. Hippocampus 25, 709–712 (2015).

15. Kesner, R. P. An analysis of dentate gyrus function (an update). Behav. Brain Res. 17, 30297–30298 (2017).

16. Eriksson, P. S. Neurogenesis and its implications for regeneration in the adult brain. J Rehabil Med 17–19 (2003).

17. Bruel-Jungerman et al. Adult hippocampal neurogenesis, synaptic plasticity and memory: facts and hypotheses. Rev Neurosci 18, 93–114 (2007).

18. Deng, W. et al. New neurons and new memories: how does adult

hippocampal neurogenesis affect learning and memory? Nat. Rev. Neurosci. 11, 339–350 (2010).

19. Draganski, B. et al. Evidence for segregated and integrative connectivity patterns in the human Basal Ganglia. J. Neurosci. 28, 7143–52 (2008).

20. Taubert, M. et al. Learning-related gray and white matter changes in humans: an update. Neuroscientist 18, 320–325 (2012).

21. Altman, J. & Das, G. D. Autoradiographic and histological evidence of postnatal hippocampal neurogenesis in rats. J. Comp. Neurol. 124, 319–335 (1965).

22. Kaplan, M. S. & Hinds J. W. Neurogenesis in the adult rat: electron microscopic analysis of light radioautographs. Science 197, 1092–1094 (1977).

23. Nottebohm, F. From bird song to neurogenesis. Scientific American 260, 74–79 (1989).

24. Gould, E. et al. Hippocampal neurogenesis in adult Old World primates. Proc. Natl. Acad. Sci. 96, 5263–5267 (1999).

25. Gould, E. et al. Neurogenesis in the neocortex of adult primates. Science 286, 548–552 (1999). 26. Eriksson, P. S. et al. Neurogenesis in the adult human hippocampus. Nature medicine 4, 1313–1317 (1998).

27. Pilz, G.-A. et al. Live imaging of neurogenesis in the adult mouse hippocampus. Science 359, 658–662 (2018).

28. Erickson, K. I. et al. Exercise training increases size of hippocampus and improves memory. Proc. Natl. Acad. Sci. U.S.A. 108, 3017–3022 (2011).

29. Raz, N. et al. Regional brain changes in aging healthy adults: general trends, individual differences and modifiers. Cereb. Cortex 15, 1676–1689 (2005).

30. Bishop, N. A. et al. Neural mechanisms of ageing and cognitive decline. Nature 464, 529–535 (2010). 31. Rabbitt, P. et al. Age-associated losses of brain volume predict longitudinal cognitive declines over 8 to 20 years. Neuropsychology 22, 3–9 (2008).

32. Sherwood, C. C. et al. Aging of the cerebral cortex differs between humans and chimpanzees. Proc. Natl. Acad. Sci. U.S.A. 108, 13029–13034 (2011).

33. Firth, J. et al. Effect of aerobic exercise on hippocampal volume in humans: A systematic review and meta-analysis. Neuroimage 166, 230–238 (2018).

34. Praag, V. H. et al. Running increases cell proliferation and neurogenesis in the adult mouse dentate gyrus. Nature Neuroscience 2, 266–270 (1999).

3장

1. Donnelly, J. E. et al. Physical Activity, Fitness, Cognitive Function, and Academic Achievement in Children: A Systematic Review. Med Sci Sports Exerc 48, 1197–1222 (2016).

2. Ruiz-Ariza, A. et al. Influence of physical fitness on cognitive and academic performance in adolescents: A systematic review from 2005–2015. Review of Sport and Exercise Psychology 10, 108–133 (2017).

3. Chomitz, V. R. et al. Is there a relationship betweenphysical fitness and academic achievement? Positive results from public school children in the northeastern United States. Journal of School Health 79, 30–37 (2009).

4. Chaddock, L. et al. Do athletes excel at everyday tasks? Med Sci Sports Exerc 43, 1920–1926 (2011).

5. Chaddock, L. et al. A neuroimaging investigation of the association between aerobic fitness, hippocampal volume, and memory performance in preadolescent children. Brain Res. 1358, 172–183 (2010).

6. Erickson, K. I. et al. Exercise training increases size of hippocampus and improves memory. Proc. Natl. Acad. Sci. U.S.A. 108, 3017–3022 (2011).

7. Chaddock-Heyman, L. et al. Aerobic fitness is associatedwith greater

hippocampal cerebral blood flow in children. Dev Cogn Neurosci 20, 52–58 (2016).

8. Borogovac, A. & Asllani, L. Arterial spin labeling (ASL) fMRI: advantages, theoretical constrains and experimental challenges in neurosciences. International Journal of Biomedical Imaging (2012).

9. Tata, M. et al. Vascularisation of the central nervous system. Mechanisms of development 1, 26–36 (2015).

10. Bullitt, E. et al. The effect of exercise on the cerebral vasculature of healthy aged subjects as visualized by MR angiography. American Journal of Neuroradiology 30, 1857–1863 (2009).

11. Black, J. E. et al. Learning causes synaptogenesis, whereas motor activity causes angiogenesis, in cerebellar cortex of adult rats. Proc. Natl. Acad. Sci.

U.S.A. 87, 5568–5572 (1990).

12. Erickson, K. I. et al. Beyond vascularization: aerobic fitness is associated with N-acetylaspartate and working memory. Brain Behav 2, 32–41 (2012).

13. Moffett, J. R. et al. Acetylaspartate in the CNS: from neurodiagnostics to neurobiology. Prog. Neurobiol. 81, 89–131 (2007).

14. Pickrell, J. K. et al. The genetic prehistory of southern Africa. Nature Commun. 3, 1143 (2012).

15. Bouchard, C. & Rankinen, T. Individual differencesin response to regular physical activity. Med Sci Sports Exerc. 33, 446–451 (2001).

16. Nokia, M. S. et al. Physical exercise increases adult hippocampal neurogenesis in male rats provided it is aerobic and sustained. J. Physiol. (Lond.) 594, 1855–1873 (2016).

17. Gomes, F. et al. The beneficial effects of strength exercise on hippocampal cell proliferation and apoptotic signaling is impaired by anabolic androgenic steroids. Psychoneuroendocrinology 50, 106–117

(2014).

18. Bedos, M. et al. Neurogenesis and sexual behavior. Front Neuroendocrinol (2018).

19. Leuner, B. et al. Sexual experience promotes adult neurogenesis in the hippocampus despite an initial elevation in stress hormones. PLoS One (2010).

4장

1. Mackie, M. A. et al. Cognitive control and attentional functions. Brain and cognition 82, 301–312 (2013).

2. Hofmann, W. et al. Executive functions and self-regulation. Trends Cogn Sci 16, 174–180 (2012).

3. Baddeley, A. Working memory: theories, models, and controversies. Annu Rev Psychol 63, 1–29 (2012).

4. Diamond, A. Executive functions. Annu Rev Psychol 64, 135–168 (2013).

5. Brass, M. et al. The role of the inferior frontal junction area in cognitive control. Trends in Cogn Sci. 9, 314–316 (2005).

6. Levy, B. J. & Wagner A. D. Cognitive control and right ventrolateral prefrontal cortex: reflexive reorienting, motor inhibition, and action updating. Annals of the New York Academy of Science 1224, 40–62 (2011).

7. Radel, R. et al. Saving mental effort to maintain physical effort: a shift of activity within the prefrontal cortex in anticipation of prolonged exercise. Cogn Affect Behav Neurosci 17, 305–314 (2017).

8. Raichle, M. E. The brain's default mode network. Annu. Rev. Neurosci. 38, 433–447 (2015).

9. Slama, H. et al. Sleep deprivation triggers cognitive control impairments in task-goal switching. Sleep (2017).

10. Killgore W. D. Effects of sleep deprivation on cognition. Progress in

Brain Research 185, 105–129 (2010).

11. Diamond, A. Executive Functions. 135–168 (2013).

12. Couyoumdjian, A. et al.The effects of sleep and sleep deprivation on task-switching performance. Journal of Sleep Research 19, 64–70 (2010).

13. Glass, B. et al. The effects of 24-hour sleep deprivation on the exploration–exploitation trade-off. Biological Rhythm Research 42, 99–110 (2011).

14. Ballesio, A. et al. The effects of one night of partial sleep deprivation on executive functions in individuals reporting chronic insomnia and good sleepers. Journal of Behavior Therapy and Experimental Psychiatry 60, 42–45 (2018)

15. Stroop, J. R. Studies of interference in serial verbal reactions. Journal of Experimental Psychology 18, 643–662 (1935).

16. Chennaoui, M. et al. Sleep and exercise: a reciprocal issue? Sleep Medicine Reviews 20, 59–72 (2015).

17. Alkadhi, K. A. Exercise as a Positive Modulator of Brain Function. Mol. Neurobiol. 55, 3112–3130 (2017).

18. Rajizadeh, M. A. et al. Voluntary exercise impact on cognitive impairments in sleep-deprived intact female rats. Physiol. Behav. 188, 58–66 (2018).

19. Buttelmann, F. & Karbach, J. Development and Plasticity of Cognitive Flexibility in Early and Middle Childhood. Front Psychol 8, 1040 (2017).

20. Stroth, S. et al. Physical fitness, but not acute exercise modulates event-related potential indices for executive control in healthy adolescents. Brain research 1269, 114–124 (2009).

21. Lulic, T. et al. Physical activity levels determine exercise-induced changes in brain excitability. PLoS ONE 12, (2017).

22. Kramer, A. F. et al. Task coordination and aging: Explorations of executive control processes in the task switching paradigm. Acta psychologica 101, 339–378 (1999).

23. Sharp, D. J. et al. The neural correlates of declining performance with age: evidence for age-related changes in cognitive control. Cereb Cortex 16, 1739–1749 (2006).

24. Kunimi, M. et al. Investigation of age-related changes in brain activity during the divalent task-switching paradigm using functional MRI. Neuroscience Research 103, 18–26 (2016).

25. Kramer, A. F. et al. Ageing, fitness and neurocognitive function. Nature 400, 418–419 (1999).

26. Levin, O. et al. The beneficial effects of different types of exercise interventions on motor and cognitive functions in older age: a systematic review. European Review of Aging and Physical Activity (2017).

27. Lista, I. & Sorrentino, G. Biological mechanisms of physical activity in preventing cognitive decline. Cellular and Molecular Neurobiology 30, 493–503 (2010).

28. Bherer, L. et al. A Review of the Effects of Physical Activity and Exercise on Cognitive and Brain Functions in Older Adults. J Aging Res 2013, 1–8 (2013).

29. Weinstein, A. M. et al. The association between aerobic fitness and executive function is mediated by prefrontal cortex volume. Brain Behav Immun 26, 811–819 (2012).

30. Bettcher, B. M. et al. Neuroanatomical substrates of executive functions: Beyond prefrontal structures. Neuropsychologia 85, 100–109 (2016).

31. Olsen, R. K. et al. The effect of lifelong bilingualism on regional grey and white matter volume. Brain Res. 1612, 128–139 (2015).

32. Schmidt-Kassow, M. et al. Physical exercise during encoding improves vocabulary learning in young female adults: a neuroendocrinological study. PLoS ONE 8, e64172 (2013).

33. Schmidt-Kassow, M. et al. Treadmill walking during vocabulary encoding improves verbal longterm memory. Behav Brain Funct 10, 24

(2014).

5장

1. Kringelbach, M. L. The human orbitofrontal cortex: linking reward to hedonic experience. Nat Rev Neurosci 6, 691–702 (2005).

2. Rolls E. T. The functions of the orbitofrontal cortex. Brain and Cognition 55, 11–29 (2004).

3. Sela, L. & Sobel, N. Human olfaction: a constant state of change-blindness. Experimental Brain research 205, 13–29 (2010).

4. Rolls E. T. The functions of the orbitofrontal cortex. Neurocase 5, 301–312 (1999).

5. Rolls, E. T. Limbic systems for emotion and for memory, but no single limbic system. Cortex 62, 119–157 (2015).

6. Li, X. et al. Human receptors for sweet and umami taste. Proc. Natl. Acad. Sci. U.S.A. 99, 4692–4696 (2002).

7. Yiannakas, A. & Rosenblum, K. The Insula and Taste Learning. Frontiers in Molecular Neuroscience (2017).

8. Rolls E. T. Functions of the anterior insula in taste, autonomic, and related functions. Brain and Cognition 110, 4–19 (2016).

9. Wicker, B. et al. Both of us disgusted in My insula: the common neural basis of seeing and feeling disgust. Neuron 40, 655–664 (2003).

10. Kringelbach, M. L. & Rolls E. T. The functional neuroanatomy of the human orbitofrontal cortex: evidence from neuroimaging and neuropsychology. Progress in neurobiology 72, 341–372 (2004).

11. Rolls E. T. Taste, olfactory, and food texture processing in the brain, and the control of food intake. Physiology & behavior 85, 45–56 (2005).

12. Koritzky, G. et al. Obesity, B.-A. Decision-making, sensitivity to reward and attrition in weight management. Obesity 22, 1904–1909 (2014).

13. Van de Giessen, E. et al. Dopamine D2/3 receptor availability and amphetamine-induced dopamine release in obesity. Journal of Psychopharmacology 28, 866–873 (2014)

14. Kenny, P. J. Reward mechanisms in obesity: new insights and future directions. Neuron 69, 664–79 (2011).

15. Gluskin, B. S. & Mickey, B. J. Genetic variation and dopamine D2 receptor availability: a systematic review and meta-analysis of human in vivo molecular imaging studies. Translational Psychiatry (2017).

16. Kochetova, O. V. & Viktorova, T. V. Genetics and epigenetics of obesity. Biology Bulletin Reviews 5, 538–547 (2015).

17. Richardson, A. S. et al. Moderate to vigorous physical activity interactions with genetic variants and body mass index in a large US ethnically diverse cohort. Pediatric Obes 9, 35–46 (2014).

18. Shiroma, E. J. et al. Physical activity and weight gain prevention in older men. International Journal of Obesity 36, 1165–1169 (2012)

19. Lee, I. M. et al. Physical activity and weight gain prevention. Jama 303, 1173–1179 (2010).

20. Sun, X., et al. From genetics and epigenetics to the future of precision treatment for obesity. Gastroenterology report 5, 266–270 (2017).

21. Marqués-Iturria, I. et al. Affected connectivity organization of the reward system structure in obesity. Neuroimage 111, 100–106, (2015).

22. Bohon, C. Greater emotional eating scores associated with reduced frontolimbic activation to palatable taste in adolescents. Obesity 22, 1814–1820 (2014).

23. Chaouloff, F. Physical exercise and brain monoamines: a review. Acta Physiologica 137, 1–13 (1989).

24. Fisher, B. E. et al. Exercise-induced behavioral recovery and neuroplasticity in the 1-methyl4-phenyl-1,2,3,6-tetrahydropyridine-lesioned mouse basal ganglia. Journal of Neurosci Res 77, 378–390 (2004).

25. Petzinger, G. M. et al. Effects of treadmill exercise on dopaminergic transmission in the 1-methyl4-phenyl-1, 2, 3, 6-tetrahydropyridine-lesioned mouse model of basal ganglia injury. Journal of Neurosci 27, 5291–5300 (2007).

26. Costa, R. O. et al. The treadmill exercise protects against dopaminergic neuron loss and brain oxidative stress in parkinsonian rats. Oxidative Medicine and Cellular Longevity (2017).

27. Jakowec, M. W. et al. Engaging cognitive circuits to promote motor recovery in degenerative disorders. exercise as a learning modality. Journal of Human Kinetics 52, 35–51 (2016).

28. Paillard, T. et al. Protective effects of physical exercise in Alzheimer's disease and Parkinson's disease: a narrative review. Journal of Clinical Neurology 11, 212–219 (2015).

29. Holiga, Š. et al. Overweight and obesity are associated with neuronal injury in the human cerebellum and hippocampus in young adults: a combined MRI, serum marker and gene expression study. Translational Psychiatry (2012).

30. Guillemot-Legris, O. et al. High-fat diet feeding differentially affects the development of inflammation in the central nervous system. Journal of Neuroinflammation 13, 206 (2016).

31. Guillemot-Legris, O. & Muccioli, G. G. Obesity-induced neuroinflammation: beyond the hypothalamus. Trends in Neurosciences 40, 237–253 (2017).

32. Mueller, K. et al. Sex-dependent influences of obesity on cerebral white matter investigated by diffusion-tensor imaging. PloS one (2011).

33. Kullmann, S. et al. Compromised white matter integrity in obesity. Obesity 16, 273–281 (2015).

34. Miller, A. A. & Spencer, S. J. Obesity and neuroinflammation: a pathway to cognitive impairment. Brain Behav Immun. 42, 10–21 (2014).

35. Burkhalter, T. M. & Hillman C. H. A narrative review of physical

activity, nutrition, and obesity to cognition and scholastic performance across the human lifespan. Advances in Nutrition 2, 201–206 (2011).

36. Eveland-Sayers, B. M. et al. Physical fitness and academic achievement in elementary school children. Journal of Physical Activity and Health 6, 99–104 (2009).

37. Amalric, M. & Dehaene, S. Origins of the brain networks for advanced mathematics in expert mathematicians. Proceedings of the National Academy of Sciences 113, 4909–4917 (2016).

6장

1. Jeon, Y. K. & Ha, C. H. The effect of exercise intensity on brain derived neurotrophic factor and memory in adolescents. Environmental Health Prev Med 22–27 (2017).

2. Trudeau, F. & Shephard R. J. Physical education, school physical activity, school sports and academic performance. International Journal of Behavioral Nutrition and Physical Activity 5 (2008).

3. Sibley B. A. & Etnier, J. L. The Relationship Between Physical Activity and Cognition in Children: A Meta-Analysis. Pediatric Exercise Science 243–256 (2003).

4. Ardoy, D. N. et al. Physical Education trial improves adolescents' cognitive performance and academic achievement: the EDUFIT study. Scandinavian Journal of Medicine & Science in Sports (2014).

5. Porter, K. R. et al. A study of tissue culture cells by electron microscopy: methods and preliminary observations. Journal of Experimental Medicine 81, 233–246 (1945).

6. Cattaneo, E. & McKay, R. Proliferation and differentiation of neuronal stem cells regulated by nerve growth factor. Nature 347, 762–765 (1990).

7. Zagrebelsky, M. & Korte, M. Form follows function: BDNF and its

involvement in sculpting the function and structure of synapses. Neuropharmacology 76, 628–638 (2014).

8. Horch, H. W. & Katz, L. C. BDNF release from single cells elicits local dendritic growth in nearby neurons. Nat. Neurosci. 5, 1177–1184 (2002).

9. Numakawa, T. et al. BDNF function and intracellular signaling in neurons. Histology and Histopathology 25, 237–258 (2010).

10. Ellis, R. E. et al. Mechanisms and functions of cell death. Annual review of cell biology 7, 663–98 (1991).

11. Aloe, L. & Chaldakov, G. N. The Multiple Life of Nerve Growth Factor: Tribute to Rita LeviMontalcini (1909–2012). Balkan medical journal 30, 4–7 (2013).

12. Levi-Montalcini, R. & Hamburger, V. Selective growth stimulating effects of mouse sarcoma on the sensory and sympathetic nervous system of the chick embryo. Journal of Experimental Zoology 116, 321–361 (1951).

13. Archer, T. & Kostrzewa, R. M. Physical exercise alleviates ADHD symptoms: regional deficits and development trajectory. Neurotoxicity Research 21, 195–209 (2012).

14. Jackson, W. M. et al. Physical activity and cognitive development: a meta-analysis. Journal of Neurosurg Anesthesiol 28, 373–380 (2016).

15. Qx, Ng et al. Managing childhood and adolescent attention-deficit/hyperactivity disorder (ADHD) with exercise: A systematic review. Complement Therapies in Medicine 34, 123–128 (2017).

16. Bailey, R. K. et al. Attention-deficit/hyperactivity disorder in African American youth. Current Psychiatry Rep 12, 396–402 (2010).

17. Amiri, S. et al. Attention deficit/hyperactivity disorder in primary school children of Tabriz, North-West Iran. Paediatric and Perinat Epidemiol 24, 597–601 (2010).

18. Medina et al. Exercise impact on sustained attention of ADHD children, methylphenidate effects. ADHD Atten Defic Hyperact Disord 2, 49–58

(2010).

19. Pontifex, M. B. et al. Exercise improves behavioral, neurocognitive, and scholastic performance in children with attention-deficit/hyperactivity disorder. The Journal of Pediatr 162, 543–551 (2013).

20. Smith, A. L. et al. Pilot physical activity intervention reduces severity of ADHD symptoms in young children. Journal of Attention Dis 17, 70–82 (2013).

21. Storebø, O. J. et al. Methylphenidate for children and adolescents with attention deficit hyperactivity disorder (ADHD). Cochrane Database Syst Rev (2015).

22. Grund, T. et al. Influence of methylphenidate on brain development – an update of recent animal experiments. Behavioral and Brain Functions 2, 2 (2006).

23. Bolanos, C. A. et al. Methylphenidate treatment during pre-and periadolescence alters behavioral responses to emotional stimuli at adulthood. Biological Psychiatry 54, 1317–1329 (2003).

24. Brookshire, B. R. & Jones, S. R. Chronic methylphenidate administration in mice produces depressive-like behaviors and altered responses to fluoxetine. Synapse 66, 844–847 (2012). 25. Bock, N. et al. Postnatal brain development and psychotropic drugs. Effects on animals and animal models of depression and attention-deficit/hyperactivity disorder. Current Pharm Des 16, 2474–2483 (2010).

26. Andersen, S. L. & Navalta, C. P. Altering the course of neurodevelopment: a framework for understanding the enduring effects of psychotropic drugs. International Journal of Developmental Neurosci 22, 423–440 (2004).

27. Neto, F. L. et al. Neurotrophins role in depression neurobiology: a review of basic and clinical evidence. Curr Neuropharmacol 9, 530–552 (2011).

28. Connor, B. et al. Brain-derived neurotrophic factor is reduced in

Alzheimer's disease. Mol Brain Res 49, 71–81 (1997).

29. Phillips, K. Keane, K. & of psychiatric nursing, W.-B. Peripheral brain derived neurotrophic factor (BDNF) in bulimia nervosa: A systematic review. Archives of Psychiatric Nursing 28, 108–113 (2014). 30. Ribasés, M. et al. Association of BDNF with anorexia, bulimia and age of onset of weight loss in six European populations. Human Molecular Genetics 13, 1205–1212 (2004).

31. Leistedt, S. J. & Linkowski, P. Brain, networks, depression, and more. European Neuropsychopharmacology 23, 55–62 (2013).

32. Brakowski, J. et al. Resting state brain network function in major depression – Depression symptomatology, antidepressant treatment effects, future research. Journal of Psychiatr Res 92, 147–159 (2017).

33. Heim, C. et al. The link between childhood trauma and depression: insights from HPA axis studies in humans. Psychoneuroendocrinology 33, 693–710 (2008).

34. Shalev, A. Y. et al. Prospective study of posttraumatic stress disorder and depression following trauma. Am J Psychiatry 155, 630–637 (1998).

35. McGee, R. E. & Thompson, N. J. Unemployment and depression among emerging adults in 12 states, Behavioral Risk Factor Surveillance System, 2010. Prev Chronic Dis 12, (2015).

36. Phillips, A. C. et al. Negative life events and symptoms of depression and anxiety: stress causation and/or stress generation. Anxiety Stress Coping 28, 357–371 (2015).

37. Madsen, I. E. et al. Job strain as a risk factor for clinical depression: systematic review and meta-analysis with additional individual participant data. Psychol Med 47, 1342–1356 (2017).

38. Choi, H. & Marks, N. Marital conflict, depressive symptoms, and functional impairment. Journal of Marriage and Family 70, 377–390 (2008).

39. Ranabir, S. & Reetu, K. Stress and hormones. Indian journal of

endocrinology and Metabolism 15, 18–22 (2011).

40. Liyanarachchi, K. et al. Human studies on Hypothalamo-Pituitary-Adrenal (HPA) Axis. Clinical Endocrinology and Metabolism 31, 459–473 (2017).

41. Foley, P. & Kirschbaum, C. Human hypothalamus–pituitary–adrenal axis responses to acute psychosocial stress in laboratory settings. Neuroscience & Biobehavioral Reviews 35, 91–96 (2010).

42. Elzinga, B. M. & Roelofs, K. Cortisol-induced impairments of working memory require acute sympathetic activation. Behavioral Neuroscience 119, 98–103 (2005).

43. Smith, T. E. & French, J. A. Psychosocial stress and urinary cortisol excretion in marmoset monkeys. Physiology & Behavior 62, 225–232 (1997).

44. Rashid, K. et al. An update on oxidative stress-mediated organ pathophysiology. Food and Chemical Toxicology 62, 584–600 (2013).

45. Arck, P. C. et al. Neuroimmunology of stress: skin takes center stage. Journal of Investigative Dermatol 126, 1697–1704 (2006).

46. Chiodini, I. et al. Mechanisms of Endocrinology: Endogenous subclinical hypercortisolism and bone: a clinical review. European Journal of Endocrinol 175, 265–268 (2016).

47. Walburn, J. et al. Psychological stress and wound healing in humans: a systematic review and meta-analysis. Journal of Psychosom Res 67, 253–271 (2009).

48. Broadbent, E. & Koschwanez H. E. The psychology of wound healing. Current Opin in Psychiatry 25, 135–140 (2012).

49. McEwen, B. S. Plasticity of the hippocampus: adaptation to chronic stress and allostatic load. Annals of the New York Academy of Sciences 933, 265–267 (2001).

50. Sapolsky, R. M. Stress, the aging brain, and the mechanisms of neuron death. (Cambridge MA, 1992).

미주

51. Blanchard, R. J. et al. Chronic social stress: changes in behavioral and physiological indices of emotion. Aggressive Behavior 24, 307–321 (1998).

52. Albeck, D. S. et al. Chronic social stress alters levels of corticotropin-releasing factor and arginine vasopressin mRNA in rat brain. Journal of Neurosci 17, 4895–4903 (1997).

53. Yaribeygi, H. et al. The impact of stress on body function: A review. EXCLI 16, 1057–1072 (2017). 54. Kim, E. J. et al. Stress effects on the hippocampus: a critical review. Learning & Memory 22, 411–416 (2015).

55. Weinhold, B. Epigenetics: the science of change. Environmental Health Perspectives 114, 160–167 (2006).

56. Sun, X. et al. From genetics and epigenetics to the future of precision treatment for obesity. Gastroenterology Report 5, 266–270 (2017).

57. Mikeska, T. & Craig, J. M. DNA methylation biomarkers: cancer and beyond. Genes 5, 821–864 (2014).

58. Reul, J. M. Making memories of stressful events: A journey along epigenetic, gene transcription, and signaling pathways. Frontiers in Psychiatry (2014).

59. Hunter, R. G. Epigenetic effects of stress and corticosteroids in the brain. Frontiers in Cellular Neuroscience 6, 18 (2012).

60. Reynolds, N. et al. Transcriptional repressors: multifaceted regulators of gene expression. Development 140, 505–512 (2013).

61. Salmon, P. Effects of physical exercise on anxiety, depression, and sensitivity to stress: a unifying theory. Clinical Psychology Review 21, 33–61 (2001).

62. Taylor, C. B. et al. The relation of physical activity and exercise to mental health. Public Health Reports100, 195–202 (1985).

63. Faulkner, G. & Biddle, S. Exercise and mental health: it's just not psychology! Journal of Sports Sciences 19, 433–444 (2001).

64. Glenister, D. Exercise and mental health: a review. Journal of the Royal

Society of Health (1996).

65. Raglin, J. S. Exercise and mental health. Sports Medicine 9, 232–329 (1990).

66. Morgan, W. P. & Goldston, S. E. Exercise and mental health (New York, 2013).

67. De Coverley Vale, D. M. Exercise and mental health. Acta Psychiatrica Scandinavica 76, 113–120 (1987).

68. Sharma, A. et al. Exercise for mental health. Prim Care Companion J Clin Psychiatry 8, 106 (2006).

69. Landers, D. M. The influence of exercise on mental health. (1997).

70. Deslandes, A. et al. Exercise and mental health: many reasons to move. Neuropsychobiology 59, 191–198 (2009).

71. Agudelo, L. Z. et al. Skeletal muscle PGC-1α1 modulates kynurenine metabolism and mediates resilience to stress-induced depression. Cell 159, 33–45 (2014).

72. Nabkasorn, C. et al. Effects of physical exercise on depression, neuroendocrine stress hormones and physiological fitness in adolescent females with depressive symptoms. European journal of Public Health 16, 179–184 (2006).

73. Heijnen, S. et al. Neuromodulation of aerobic exercise — a review. Frontiers in psychology (2016).

74. Brooks, K. & Carter, J. Overtraining, exercise, and adrenal insufficiency. J Nov Physiother 16 (2013).

75. Cadegiani, F. A. & Kater, C. E. HypothalamicPituitary-Adrenal (HPA) Axis Functioning in Overtraining Syndrome: Findings from Endocrine and Metabolic Responses on Overtraining. Sports Medicine Open 3 (2017).

76. Fuss, J. et al. A runner's high depends on cannabinoid receptors in mice. Proc. Natl. Acad. Sci. U.S.A. 112, 13105–13108 (2015).

77. Young, S. N. & Leyton, M. The role of serotonin in human mood and

social interaction. Insight from altered tryptophan levels. Pharmacol. Biochem. Behav. 71, 857–65 (2002).

78. Martinowich, K. & Lu, B. Interaction between BDNF and serotonin: role in mood disorders. Neuropsychopharmacology 33, 73–83 (2008).

79. Mössner, R. et al. Serotonin transporter function is modulated by brain-derived neurotrophic factor (BDNF) but not nerve growth factor (NGF). Neurochemistry
Int 36, 197–202 (2000).

80. Hyman, C. et al. BDNF is a neurotrophic factor for dopaminergic neurons of the substantia nigra. Nature 350, 230–232 (1991).

81. Guillin, O. et al. BDNF controls dopamine D3 receptor expression and triggers behavioural sensitization. Nature 411, 86–89 (2001).

82. Aloe, L. & Chaldakov, G. N., Homage to Rita LeviMontalcini, the Queen of modern neuroscience. Cell Biol Int. 37, 761–765 (2013).

7장

1. Peter, R. Ageing and the brain. Postgraduate Medical Journal 82, 84–88 (2006).

2. Takao, H. et al. A longitudinal study of brain volume changes in normal aging. European journal of Radiology 81, 2801–2804 (2012).

3. Scahill, R. I. et al. A longitudinal study of brain volume changes in normal aging using serial registered magnetic resonance imaging. Archives of Neurol 60, 989–994 (2003).

4. Lu, H. et al. Disturbance of attention network functions in Chinese healthy older adults: an intra-individual perspective. Int Psychogeriatr. 28, 291–301 (2016).

5. Fjell, A. M. et al. Cortical gray matter atrophy in healthy aging cannot be explained by undetected incipient cognitive disorders: A comment on

Burgmans et al.(2009). 24, 258–263 (2010).

6. Wager, T. D. & Smith, E. E. Neuroimaging studies of working memory: a meta-analysis. Cogn Affect Behav Neurosci. 3, 255–274 (2003).

7. D'Esposito, M. & Postle, B. R. The cognitive neuroscience of working memory. Annual Review of Psychology 66, 115–142 (2015).

8. Kensinger, E. A. et al. Effects of emotion on memory specificity in young and older adults. J Gerontol B Psychol Sci Soc Sci 62, 208–215 (2007).

9. Davidson, P. et al. Flashbulb memories for September 11th can be preserved in older adults. Neuropsychol Dev Cogn B Aging Neuropsychol Cogn 13, 196–206 (2006).

10. Glisky, E. Changes in cognitive function in human aging. Brain aging: Models (Winston-Salem, NC., 2007).

11. Erickson, K. I. et al. Physical activity predicts gray matter volume in late adulthood The Cardiovascular Health Study. Neurology 75, 1415–1422 (2010).

12. Erickson, K. I. et al. Exercise training increases size of hippocampus and improves memory. Proc. Natl. Acad. Sci. U.S.A. 108, 3017–22 (2011).

13. Renner, F. et al. Dutch courage? Effects of acute alcohol consumption on self-ratings and observer ratings of foreign language skills. J Psychopharmacol 32,116–122 (2018).

14. Plog, B. A. & Nedergaard, M. The Glymphatic System in Central Nervous System Health and Disease: Past, Present, and Future. Annual Review of Pathology: Mechanisms of Disease 13, 379–394 (2017).

15. Nedergaard, M. Brain drain. Scientific American (2016).

16. Jessen, N. A. et al. The glymphatic system: a beginner's guide. Neurochem Res 40, 2583–2589 (2015).

17. He, X. F. et al. Voluntary exercise promotes glymphatic clearance of amyloid beta and reduces the activation of astrocytes and microglia in aged mice. Frontiers in molecular Neuroscience (2017).

18. Von Holstein-Rathlou, S. et al. Voluntary running enhances glymphatic

influx in awake behaving, young mice. Neuroscience Letters 662, 253–258 (2018).

19. Pedrinolla, A. et al. Resilience to Alzheimer's disease: the role of physical activity. Current Alzheimer Res. (2017).

20. McEwen, B. S. & Morrison, J. H. The brain on stress: vulnerability and plasticity of the prefrontal cortex over the life course. Neuron 79, 16–29 (2013).

21. Marais, L. et al. Exercise increases BDNF levels in the striatum and decreases depressive-like behavior in chronically stressed rats. Metabolic Brain Disease 24, 587–597 (2009).

22. Ross, J. A. et al. Stress induced neural reorganization: A conceptual framework linking depression and Alzheimer's disease. Prog Neuropsychopharmacol Biol Psychiatry 85, 136–151 (2017).

23. Blasko, I. et al. Ibuprofen decreases cytokineinduced amyloid beta production in neuronal cells. Neurobiology of Disease 8, 1094–1001 (2001).

24. Fink, H. A. et al. Pharmacologic Interventions to Prevent Cognitive Decline, Mild Cognitive Impairment, and Clinical Alzheimer-Type Dementia: A Systematic Review. Annals of Internal Med 168, 39–51 (2018).

25. Wang, J. et al. Anti-inflammatory drugs and risk of Alzheimer's disease: an updated systematic review and meta-analysis. J Alzheimers Dis. 44, 385–396 (2015).

26. Bischof, G. N. & Park, D. C. Obesity and aging: Consequences for cognition, brain structure and brain function. Psychosomatic Medicine 77, 697–709 (2015).

27. Raji, C. A. et al. Brain structure and obesity. Hum Brain Mapp 31, 353–64 (2010).

28. Medic, N. et al. Increased body mass index is associated with specific regional alterations in brain structure. Int J Obes (Lond) 40, 1177–82

(2016).

29. Van Bloemendaal, L. et al. Alterations in white matter volume and integrity in obesity and type 2 diabetes. Metab Brain Dis 31, 621–9 (2016).

30. Pasha, E. P. et al. Visceral adiposity predicts subclinical white matter hyperintensities in middle-aged adults. Obes Res Clin Pract 11, 177–187 (2017).

31. Colcombe, S. J. et al. Aerobic exercise training increases brain volume in aging humans. J Gerontol A Biol Sci Med Sci 61, 1166–1170 (2006).

32. Voss, M. W. et al. The influence of aerobic fitness on cerebral white matter integrity and cognitive function in older adults: results of a one-year exercise intervention. Hum Brain Mapp 34, 2972–85 (2013).

33. Colman, R. J. et al. Caloric restriction delays disease onset and mortality in rhesus monkeys. Science 325, 201–204 (2009).

34. Hadem, I. et al. Beneficial effects of dietary restriction in aging brain. J Chem Neuroanat (2017).

35. Butler, S. M. et al. Age, education, and changes in the Mini-Mental State Exam scores of older women: Findings from the Nun Study. J Am Geriatr Soc 44, 475–481 (1996).

36. Butler, S. M. & Snowdon, D. A. Trends in mortality in older women: findings from the Nun Study. The Journals of Gerontology Series B 51B, 201–208 (1996).

37. Snowdon, D. A. Aging and Alzheimer's disease: lessons from the Nun Study. The Gerontologist 2, 150–156 (1997).

신경과학자가 밝힌, 흐려진 머릿속을 선명하게 만드는 뇌과학

당신의 뇌는 지금 뛰고 있는가

초판 1쇄 발행 2026년 4월 7일

지은이 마누엘라 마케도니아
옮긴이 박종대
펴낸이 최현준

편집 강서윤, 홍지회
디자인 홍민지

펴낸곳 빌리버튼
출판등록 2022년 7월 27일 제 2016-000361호
주소 서울시 마포구 월드컵로 10길 28, 201호
전화 02-338-9271
팩스 02-338-9272
메일 contents@billybutton.co.kr

ISBN 979-11-24075-14-2 (03400)